Der Grundwasserschatz in Schleswig-Holstein

Ein Wegweiser zur Wassererschließung

mit
13 Karten, 1 Textabbildung
und
6 Tabellen

Dr. Herbert-Lothar Heck, Dipl. Geologe
Landesgeologe von Schleswig-Holstein
Direktor der Landesanstalt für Angewandte Geologie
Kiel

1949
CRAM, DE GRUYTER & CO, HAMBURG

Druck Friedrich Wagner, Duderstadt

INHALT

Vorwort

„Der Rutengänger zieht durchs Feld
Und betreugt die Leut' ums Geld".

Dieser Spruch befindet sich auf einem schmuckvollen Bergmanns-Hammer aus der Mitte des 17. Jahrhunderts eingraviert. Damals wurde die Wünschelrutentätigkeit vorwaltend von „lüderlichen Gesellen, die ihrer selbst verschuldeten Armut gern eine schnelle und glänzende Wendung geben möchten" (Ludwig MEYN, 1886) emsig betrieben. Wenn diese kritikvolle Inschrift das Werkeln der Rutengänger jener Zeit beleuchtet, kann man sich dann wohl zu unserer Zeit in unserem Lande von der „Kunst der Wünschelrute" eines ähnlichen Eindrucks erwehren? Soll die Rute doch angeblich alles, aber auch alles was begehrt ist nachweisen! Und nicht nur das: Ihre vermeintlichen Meister versuchen sogar krankheitserregende Ursachen mit ihr ausfindig zu machen! Das von medizinischer, physikalischer, geologischer und hydrologischer Seite gegen ihre Glaubwürdigkeit vorgebrachte Schrifttum ist ebenso groß in der Vielfältigkeit wie vernichtend im Urteil, vermochte aber trotzdem nur diejenigen eines Besseren zu belehren, die selbst einmal der Trug der Wünschelrute teuer zu stehen kam. Die Geschichte der Rute zeigt, daß sie immer nur da länger arbeiten konnte, wo es nicht gleichzeitige Kontrolle gab. Von jeher fand daher die Wünschelrute auch in den unregelmäßig erscheinenden Böden des norddeutschen Flachlandes hinsichtlich der Wasserauffindung ein weites Betätigungsfeld. Aber in neuester Zeit wird, weil immer noch vereinzelte Unbelehrbare eher der wundersamen Wünschelrute als den Forschungsergebnissen der Wissenschaft ihr Zutrauen bezeugen, ihre Tätigkeit aufgezeigt und mancher Rutengänger leichtfertiger oder fälschlicher Auskunft überführt.

In Schleswig-Holstein ist die moderne Forschung über die Oberfläche und den Untergrund heute so weit fortgeschritten, daß über die Vorkommen und Verbreitungsareale mineralischer Bodenschätze Klarheit besteht. So kennt die Hydrogeologie vor allem auch das Grundwasser, seine Lagerung und Beschaffenheit recht genau, um vor jeder Wasserversorgungsanlage beratende Auskunft zu erteilen und dadurch unserer Ernährung, Landwirtschaft und Industrie zu nützen. Fehlvoraussagen sind von Jahr zu Jahr seltener geworden, obwohl sich unser Land aus völlig unregelmäßigen Bodenschichten aufbaut.

Über dieses Wissen und seine Anwendung auf die praktische Wassererschließung für jedermann gibt die vorgelegte Schrift in begrenztem Umfang Bericht.

Die bestehenden Schwierigkeiten aufzuzeigen, gleichzeitig aber auch Hilfe zu geben für Brunnenanlagen und Wasserversorgungen, soll Zweck und Ziel dieses Heftes sein. Es beansprucht weder einen Vergleich mit einem Lehrwerk, noch ist in ihm die erschöpfende Vollständigkeit allen Wissens oder aller Unterlagen erstrebt. Es sei nur ein Wegweiser für die Wassererschließung in unserem Lande, damit das erarbeitete Wissen nun Allgemeingut derer werde, die es angeht. Und deshalb sind die Tatsachen in Karten zusammengefaßt, die ein Bild von den Verhältnissen um Boden und Grundwasser in Schleswig-Holstein besser vermitteln als viele Worte. Dem Brunnenbauer, dem Wasserwirtschaftsplaner, dem Bauern, Forstmann, Siedler und auch dem heimatlichen Naturfreund möge dies Heft eine willkommene Handhabe sein!

Kiel, im März 1947.

Dr. Herbert-Lothar Heck.

Einführung

Unter den Rohstoffen des Landes Schleswig-Holstein ist das Grundwasser als Träger des Lebens und der Wirtschaft der bedeutendste Bodenschatz. Gleich anderen Lagerstätten ist es an bestimmte Bodenarten, die Schichten und ihre Lagerungsverhältnisse oftmals schon seit tausenden von Jahren gebunden. Wenn es gilt, Grundwasser dem Boden zu entnehmen, das güte- und mengenmäßig besonderen Anforderungen entsprechen soll, sei es für menschlichen Genuß, Industriezwecke oder zur künstlichen Bewässerung, dann ist brauchbares Grundwasser die Voraussetzung für die Durchführungsmöglichkeit jeder Planung. Wie oft schon scheiterte ein Projekt an der Unmöglichkeit, aus dem unmittelbaren Untergrunde gutes Wasser zu beschaffen. Auf die Bohrfirma sollte dann ein Verschulden abgewälzt werden, das in Wirklichkeit bei dem Auftraggeber selbst lag, der es versäumte, vorzeitig Auskunft über die Wassererschließungsmöglichkeit einzuholen oder der es vorzog, der trügerischen Wünschelrute Glauben zu schenken. Private Geldmittel und öffentliches Volksvermögen wurden und werden immer noch dadurch vielfältig unnütz verausgabt.*)

Jeder Brunnenbauer weiß aus eigener oder des Ahnen Erfahrung, daß und in welcher Weise im Untergrund lagerndes Wasser physikalischen und chemischen Gesetzmäßigkeiten unterliegt und wie es von der Gestaltung des Bodens abhängt. Die große Zahl der in den letzten hundert Jahren niedergebrachten Bohrungen und Brunnengrabungen hat diese Gesetzmäßigkeit aufgezeigt. Jede untersuchte neue Bohrung bestätigte es wiederum. Art und Aufbau des Bodens bedingen die Grundwasserführung, die Beschaffenheit und die Menge des Wassers. Und dennoch hat auch der erfahrenste Brunnenbaufachmann oftmals Schwierigkeiten mit der Wassererschließung in solchen Gebieten, die durch ihre erdgeschicht-

*) Um dem vorzubeugen, ist in Schleswig-Holstein die Verwendung öffentlicher Mittel für Wünschelrutentätigkeit erneut (Juni 1947) untersagt worden.

liche Entstehung einen verwickelten, nicht ohne weiteres ersichtlichen Aufbau der Bodenzusammensetzung haben. Von der Oberfläche allein her vermag er nicht auf die Verhältnisse des Untergrundes zu schließen. Ist er gewissenhaft, so zieht er einen Geologen zu Rat, der durch genaue Kenntnis des erdgeschichtlichen Werdeganges die Eigentümlichkeiten der Bodenschichten zu beurteilen und eine zutreffendere Voraussage für eine Bohrung eher als jeder andere abzugeben vermag.

Schleswig-Holsteins Bodenverhältnisse sind nicht so gleichförmig, wie es von der Landschaft her betrachtet zunächst den Anschein hat. Das beweisen die Bohrungen. Andernfalls hätten die Wünschelrutengänger ja nicht so zahllose Fehlerfolge bis in die Gegenwart. Es gibt in unserem Lande Gebiete, in denen es völlig unmöglich ist, geeignetes Grundwasser oder beliebige Mengen dem tieferen Boden zu entnehmen. Salzwasser und Einwirkungen der Nord- und Ostsee im Untergrund beeinträchtigen unseren Grundwasserhaushalt und erschweren seine Nutzung. Feste Gebirgskörper mit Salzgesteinen bis in Oberflächennähe oder tiefer machen die Hoffnung, brauchbares Wasser zu finden, zunichte und setzen der Grundwasser-Lagerstätte eine unüberschreitbare untere Grenze. Alles Gerede über Grundwasserzuströme von Schweden oder England her ist Mär. Durch die Umgebung der Meere und die geologischen Eigenarten des Untergrundes ist unser Grundwasservorrat begrenzt. Mit ihm gilt es wirtschaftlich und sparsam umzugehen.

Wissen und Lehre von Boden und Wasser

Wer einen Brunnen schaffen will, bedarf der klugen Überlegung und eines Rüstzeuges an Wissen. Dieses zu vermitteln wird im Nachstehenden angestrebt, so weit es für die Wassererschließung aus dem heimischen Boden unerläßlich ist. Darüber hinaus wird der Leser Angaben finden, die ihn befähigen, sich selbst Gedanken und ein Bild über die allgemeinen Dinge unseres Grundwassers im Zusammenhange mit dem Boden, dessen geologischer Entstehung und Zusammensetzung wie auch über Herkunft und Verbleib des Wassers zu machen. Von der Schilderung oder Anpreisung technischer Errungenschaften oder Rohwasserveredelung wird Abstand genommen, da dieses Heft nur ein Mittel zur Auffindung des Grundwassers sein will. Außerdem gibt es darüber Lehr- und Handbücher. Der Ausbau eines Bohrbrunnens sollte stets dem beruflichen Brunnenmacher überlassen bleiben.

Boden und Klima

Zwischen zwei Meeren gelegen, bildet Schleswig-Holstein einen bezeichnenden Teil der Atlantischen Klimaprovinz in Europa, die das nordwestliche Spanien, die Nordhälfte Frankreichs, die britischen Inseln, Belgien, die Niederlande, West- und Norddeutschland, Dänemark und die Süd- und Westküste Skandinaviens umfaßt. Ihre Hauptkennzeichen sind warme bis gemäßigte Temperaturen und beständige bis feuchte Witterung mit Niederschlägen in allen Monaten. Dieses für den Boden, das Wachstum und die Wirtschaft so günstige Klima wird durch den benachbarten Golfstrom gegenüber anderen Ländern gleicher Breitengrade so gefördert, daß für unser Land dieser Wert um etwa 6° C höher liegt. In der mittleren Jahrestemperatur drückt sich deshalb die unmittelbare Lage Schleswig-Holsteins zur Nord- und Ostsee deutlichst aus. Die Küsten, einschließlich der Elbeniederung, sind wärmer (mehr als +8,25°) als das Binnenland (weniger als +8,0°), ganz Schleswig-Holstein im Winter wärmer und im Sommer kühler als andere Teile Nordwestdeutschlands.

Diese Temperaturverhältnisse wirken sich auf den Boden und seinen Wassergehalt, auf Vegetation und Bewirtschaftung ebenso sehr aus wie andere klimatische Faktoren. Vor allem kommt im Hinblick auf das Grundwasser der nahezu ständigen Luftbewegung eine besondere Bedeutung zu, denn der Wind ist nicht nur ausschlaggebend für Wolken, Niederschläge und Verdunstung, sondern auch für Vegetation, Umlagerungsvorgänge des Bodens und Sturmfluten. Die meisten Winde kommen infolge der Erddrehung zu uns aus westlicher Richtung, jedoch weichen die einzelnen Monate untereinander hinsichtlich der Windstärken und der Windrichtungen voneinander insofern ab, als im Frühjahr nördliche, im Sommer westliche und im Herbst und Winter südliche Winde zusätzlichen Anteil haben. In den Wintermonaten November bis März herrschen die stärksten, in den Sommermonaten Mai bis September die schwächsten Winde in unserem Lande. Innerhalb der Küstenstreifen treten Windstillen häufiger auf als im Inlande.

Der Wind als Ausdruck der Luftströmungen regelt gleichzeitig den Kreislauf des Wassers. Von der Sonnenwärme ausgelöst, steigt ständig verdunstendes Wasser von der Erdoberfläche auf, verteilt sich in der windbewegten Luft und fällt, sobald die Sättigungsgrenze überschritten ist, als Niederschlag wieder auf die Erde herab. Regen, Schnee, Graupel, Hagel sind solche Niederschläge aus der Höhe, Tau, Nebel, Reif, Glatteis die sich an der Erdoberfläche bildenden Niederschlagsformen. Die Niederschläge sind in unserem Lande zwar häufig, jedoch stehen sie mengenmäßig anderen Landesteilen Deutschlands gegenüber weit zurück. Und dennoch nimmt innerhalb des norddeutschen Flachlandes Schleswig-Holstein eine besondere Stellung ein. Zu allen Jahreszeiten und auch im Jahresmittel empfängt der oberflächlich überwiegend aus Sanden und Torfmooren bestehende Mittelrücken die meisten Niederschläge von 75—80 cm jährlicher Regenmenge, in einzelnen Gebieten sogar mehr als 80 cm. Die Regenhöhen an der Westküste betragen 60—75 cm; an der Ostküste sind sie noch geringer und liegen zwischen 55—70 cm. Die Insel Fehmarn erhält als einziger Landesteil weniger als 55 cm. Die häufigsten Nebeltage, und zwar mehr als 65 im Jahr, treten bei Hamburg und Flensburg auf, der meiste Schnee fällt über dem südlichen Mittelrücken, und die größte Anzahl von starken Regenfällen begleiteter Gewitter tritt ebenfalls in Hamburgs Umgebung auf.

Diese Erscheinungen der Niederschläge wirken sich auf Boden- und Wasserhaushalt weitgehendst aus. Die Menge des in den Boden eindringenden, also versickernden Wassers, hängt in erster Linie von der Art der Niederschläge, d. h. von der jeweils herrschenden Temperatur ab, während die Verdunstung der Einwirkung von Wind und Vegetation unterliegt. Die Abflußmengen wiederum sind umso größer, je schneller das Wasser abzufließen vermag. Dafür ist die Beschaffenheit des Bodens und seine Lagerung von Bedeutung. Durchlässiger und eben gelagerter Boden gibt geringere Abflußmengen als geneigter und schwer durchlässiger.

Man hat versucht, den Jahreskreislauf des Wassers auf der gesamten Erde zu berechnen und ist dadurch zu der Vorstellung gekommen, daß alljährlich ein festländischer Niederschlagsüberschuß entsprechend einer Regenhöhe von 25 cm in die Meere hinausfließen muß, um den Kreislauf zwischen 67 cm durchschnittlicher Niederschlagshöhe und 42 cm durchschnittlicher Verdunstung zu schließen. Der Abfluß des Wassers vollzieht sich auf zweierlei Wegen: Ein Teil läuft oberirdisch ab, ein anderer versickert in den Boden und erreicht nach kürzerer oder längerer Strecke wiederum das Meer. Im norddeutschen Flachlande beträgt der Abflußanteil des Niederschlages etwa 35%, der Sickeranteil etwa 20%, jedoch darf man diese Zahlen nur als annähernden Durchschnitt ansprechen, weil nämlich Abfluß, Versickerung und auch die Verdunstung den örtlichen Eigentümlichkeiten des Bodens und anderen Faktoren unterliegen. So z. B. verzögert die Pflanzendecke, vor allem der Wald, den Abfluß, so daß der Boden Zeit findet, Niederschläge aufzusaugen. Werden zu große Holzeinschläge vorgenommen, dann unterliegt der Boden durch Schwinden des Kapillarwassers der Austrocknung und der Gefahr der „Versteppung". Zwischen Gesamtverdunstung und Gesamtabfluß herrscht das Verhältnis etwa 2:3. Über dieses Verhältnis im einzelnen liegen von Schleswig-Holstein noch keine Untersuchungen vor. In anderen Gebieten sind derartige Feststellungen teilweise durchgeführt und man hat dabei folgende Verhältnisse gefunden:

	Wald	Weide	
Verdunstung des Erdbodens	5	25	in %₀ des Niederschlages
Wasserverbrauch der Vegetation	20	5	
Verdunstung der Niederschläge auf Blättern und Zweigen	15	10	
Gesamtverdunstung	40	40	
oberflächlich abrinnendes Wasser	20	40	
einsickerndes Wasser	40	20	
Gesamtabfluß	60	60	

Im norddeutschen Flachlande haben im allgemeinen die Monate Oktober bis Dezember den Hauptüberschuß an Niederschlag; auch die Monate Januar und Februar sind noch durch Mehreinnahme an Feuchtigkeit gekennzeichnet. Dadurch erklärt sich die winterliche Aufspeicherung von Wasser im Boden und der Höchstwasserstand der ober- und unterirdischen Gewässer im März. In den Monaten April, Mai und Juni erfolgt zunächst stärkere, dann bis zum September erkennbare schwächere Wasserentziehung mit örtlichen Unterbrechungen. Allgemein aber wird auch bei uns der Tiefstand des Wasserhaushaltes im September zu verzeichnen sein.

Je oberflächennäher das Grundwasser gelegen ist, desto mehr und schneller unterliegt es der Beeinflussung durch klimatische Vorgänge. Es schwankt dann in der Vorratsmenge und Temperatur. Zur Tiefe hin verlieren sich die Auswirkungen; tieferes Grundwasser kann nur noch mittelbar von den klimatischen Veränderungen betroffen werden, wenn sich diese auf längere Zeitläufe erstrecken. Dadurch erklären sich vielfache Mängel von Sod- und Flachbrunnen gegenüber Tiefbrunnen.

Boden und Untergrund

Jeder, der nutzbares Wasser aus dem Untergrund erschließen will, sollte sich über die Bodenverhältnisse vorher unterrichten. Mächtige Tonmassen, die einstmals im Meere entstanden und nur selten sandige Zwischenlagen enthalten, können auch nur gelegentlich Grundwasser bergen oder sie sind wasserfrei. Die Kenntnisse der Entstehungsgeschichte des Bodens und seiner Zusammensetzung sind daher für alle Wasseraufschlußarbeiten von Wert.

Nicht immer sind unter ähnlichen Bedingungen wie heute in unserem Gebiet, d. h. unter der Einwirkung der gegenwärtigen klimatischen Verhältnisse und der auf der Erde wirkenden Kräfte, seit Jahrmillionen die Gesteine und Bodenarten entstanden, die die Oberfläche oder den Untergrund unseres Landes darstellen. Gewiß: Meere, Flüsse, abtragende und aufbauende Kräfte des Wassers und Windes haben von jeher gewirkt. Deshalb finden sich auch in unserem Untergrund die Schichtgesteine aus alten Meeren und Flüssen, die Sandsteine aus Wüstenlandschaften und die Braunkohlen aus Sumpfgeländen. Doch haben späterhin Jahrtausende währende eiszeitliche Geschehnisse im norddeutschen Flachlande zu besonderen Ablagerungen geführt. Geologisch jüngere Bodenarten sind zumeist noch lockere oder nur wenig verfestigte Gesteine gegenüber den älteren inzwischen erhärteten oder sogar kristallinen Felsarten. Es gilt daher, zunächst die Erdgeschichte und den Bodenaufbau der Oberfläche und des Untergrundes in unserem Lande dem Wassersucher etwas näher zu erläutern.

ERDGESCHICHTE

Gesteine der ältesten geologischen Formationen Schleswig-Holsteins haben für die Wassererschließung keine praktische Bedeutung. Zeugen aus jenen Zeiten, in denen u. a. die Felsarten Skandinaviens und der deutschen Mittelgebirge sowie die festen Gesteine mit ihren Erz-, Kohle-, Öl- und Salzlagerstätten entstanden, finden sich in Schleswig-Holstein entweder als tiefer Untergrund oder sie ragen nur gelegentlich bis an oder über die Oberfläche der lockeren Bodenarten. Sichtbar sind solche Gesteine der älteren Formationen z. B. in dem der Zechsteinformation angehörenden, aus grauem Gips und Anhydrit bestehenden, eine weitverzweigte unterirdische Höhle enthaltenden Kalkberg bei Segeberg oder bei den roten leuchtenden Tonen von Lieth südlich Elmshorn, die in einer alten Ziegeleitongrube nahe der Bahnlinie aufgeschlossen sind. Auch die großen Gruben bei Lägerdorf gestatten den Einblick in geologisch ältere Schichten, in die weiße, von Feuersteinlagen durchzogene Schreibkreide. Hingegen sind die durch geologisch jüngere eiszeitliche Vergletscherungsvorgänge abgelagerten Findlingsblöcke und großen Geschiebe im Sand und Lehm zumeist im schleswig-holsteinischen Grund nicht beheimatet (s. Tab. 1).

Die in unserem Lande bisher erbohrten ältesten Ablagerungen sind salzhaltige Tongesteine überwiegend roter bis rotbrauner Färbung aus der Rotliegendzeit, dem älteren Abschnitt der Perm-Formation. Mächtige Salzlagerstättenführende harte Kalke mit Gipsen und Anhydrit gehören dem oberen Abschnitt des Perms, der sogenannten Zechsteinzeit an. Diese aus Meeren stammenden Ablagerungen, durch vielfache gebirgsbildende Faltungs- und Verlagerungsvorgänge während der langen Erdgeschichte zu festen Gesteinen geworden, ruhen zumeist so tief im Untergrund, daß sie für die Gewinnung von Grundwasser nicht in Betracht kommen. Ihr vielfach ursprünglicher Salzgehalt macht das sogar unmöglich. Jedoch beeinflussen sie das höhere Grundwasser durch die von ihnen austretenden salzreichen Wässer so erheblich, daß man das Vorhandensein derartiger Gesteine und Solwässer bei der Wassersuche berücksichtigen muß. Durch erdphysikalische Vermessungen und durch tiefere Aufschlußbohrungen von z. T. mehr als 3000 m Tiefe wurde der Verlauf der als versunkene Gebirge anzusprechenden Gesteinskörper des Erdaltertums ziemlich genau festgestellt. Die zunächst darüber folgenden jüngeren Ablagerungen der Trias-, Jura- und Kreide-Formationen, die sämtlich dem Erdmittelalter angehören, spielen für die heimische Wasserversorgung auch keine Rolle, weil in ihnen ebenfalls stark salzhaltige Wässer von der Zeit ihrer Entstehung her noch enthalten sind. Immerhin bedeuten die weißen Schreibkreideschichten innerhalb der Gesteinsfolge für

Tabelle 1
Erdgeschichtliche Zeittafel

Geologische Formation			Zeitdauer	Alter	Ablagerungen in Schleswig-Holstein
			(Millionen	Jahre)	
Neuzeit	Alluvium	Nacheiszeit und Gegenwart	0,018	0,018	als obere und oberflächennahe Bodenformationen **in weiter Verbreitung** vorhanden
	Das Eiszeitalter oder das Diluvium	jüngste Eiszeit (Weichseleiszeit)	0,262	0,280	
		II Zwischeneiszeit	0,142	0,422	
		mittl. Eiszeiten (Saale u. Wartheeiszeit)	0,305	0,727	
		I. Zwischeneiszeit	0,018	0,745	
		älteste Eiszeit (Elstereiszeit)	0,228	0,973	
	Jungtertiär (Miozän und Pliozän)		24	25	in Aufschlüssen (Gruben, Schächten und Bohrungen) nachgewiesen, den **versunkenen Gebirgsuntergrund** zusammensetzend
	Alttertiär (Paläozän und Eozän sowie Oligozän)		35	60	
Mittelalter	Obere Kreide		50	110	
	Untere Kreide		30	140	
	Jura (Lias, Dogger u. Malm)		35	175	
	Trias (Buntsandstein, Muschelkalk und Keuper)		25	200	
Altertum	Perm (Rotlieg u Zechstein)		40	240	
	Karbon		70	310	unbekannt
	Devon		40	350	wohl **erst in sehr großer Tiefe** vorhanden, im übrigen aber als eiszeitliche **Geschiebe aus Nordeuropa** hergebracht
	Silur		100	450	
	Kambrium		90	540	
Erd-Urzeit	Präkambrium		1360	1900	
	Archaikum		?	?	

unser Land einen gewissen Abschluß. Die Kreide stellt nämlich den festen Sockel dar, auf dem in Schleswig-Holstein die über ihr folgenden jüngeren noch unverfestigten Bodenmassen der erdgeschichtlichen Neuzeit lagern, die allein für die Erschließung von brauchbarem Grundwasser zur Verfügung stehen.

Man darf sich jedoch diesen Kreidesockel nicht als eine durchgehende Plattform im Untergrunde vorstellen. Durch innere Umgestaltungskräfte ist vielmehr auch die Kreide während der folgenden Erdgeschichte noch so verlagert worden, daß sich ihre Schichten heute in ganz verschiedenen Tiefen befinden. So zeigen beispielsweise die großen Kreidegruben von Lägerdorf die Schichten der nahezu waagerecht gelagerten Schreibkreide ungefähr in Meereshöhe, während anderenorts diese Schichten schräg aufgerichtet sind oder Bohrungen von 1000 m und mehr Tiefe die gleichen Kreideschichten noch gar nicht angetroffen haben.

Wie die Kreide einem großen, weit über Europa hinausgreifenden Meere entstammte, so wurden auch die Sedimente der Erdneuzeit, und zwar die Schichten des Alttertiärs, überwiegend in Meeren abgelagert, die damals unser ganzes heutiges Land wiederholt überzogen. Es sind buntfarbene Tone, unter denen der von allen Brunnenbauern gefürchtete grünlichgraue mächtige Tarraston der Eozänzeit angehört. Bis in das mittlere Oligozän hindurch hielt im wesentlichen die Absetzung von Meerestonen an. U. a. gehört dazu der graue, große Kalkknollen enthaltende Septarienton, der in der Ziegeleigrube bei Innien sichtbar aufgeschlossen ist. Alle diese Tone im Untergrund sind entweder wasserfrei, oder sie enthalten in gelegentlich auftretenden dünnen Sandschichten nur Salzwasser. Es ist deshalb zwecklos, für Wassererschließungen in diese Tone hineinzubohren.

Bedeutung für die Wasserversorgung in Schleswig-Holstein gewinnen erst die Schichten, die jünger als der Septarienton sind und bei normaler Schichtenfolge über ihm lagern. Mit ihnen setzt nämlich eine Wechselfolge von Sedimenten ein, die zeitweilig im Meer oder auf dem Lande oder durch Flüsse entstanden sind. Erdgeschichtlich gesehen erklären sich diese Ablagerungen aus dem ewigen Wechselspiel zwischen angreifender Meereseinwirkung und beharrender Landwerdung Schleswig-Holsteins, wobei dieser Kampf vorübergehend zugunsten der Kräfte des Meeres oder denen des Landes ausfiel. Die Miozänzeit führte zu den durch Braunkohlenflöze ausgezeichneten Schichtabsätzen reiner gröberer oder auch feinerer bis toniger Eigenart. Die Ablagerungen aus dieser Zeit sind teilweise sehr mächtig (s. Tab. 2). Wenngleich auch im Jungtertiär die tonigen Meeresabsätze zunächst noch weitere Verbreitung fanden, so konnten sich doch allmählich vom näher rückenden, aus dem Meere aufsteigenden Festland zugeführte Sande weitgehender als je zuvor einschalten. Die zahlreichen in sie vorgetriebenen Bohrungen zeigten, daß innerhalb der Braunkohlen-Formation stark wasserführende Sande im Osten und Süden Schleswig-Holsteins überwiegen, daß sie jedoch nach Westen hin an Mächtigkeit und Häufigkeit abnehmen und dort durch magere oder auch fette Tone vertreten werden. Im Osten unseres Landes also machten sich Ablagerungen des aufwärts strebenden Landes und seiner Flüsse deutlich geltend, während im Westen das Meer immer noch starken Einfluß hatte. Der zwischen Land und Meer gelegene Küstenstreifen bewegte sich während der Miozänzeit vielfach hin und her. So findet man westlich einer durch die Orte Schafflund, Drelsdorf, Husum, Lunden, Delve, Meggerdorf, Elsdorf, Hohenwestedt, Wilster, Glückstadt gekennzeichneten Linie (vgl. Karte 3) keine Braunkohlenflöze und auch keine für die Wassererschließung geeigneten Sande. Je weiter jedoch von dieser Linie entfernt nach Osten oder Südosten gebohrt wird, desto häufiger und mächtiger sind die Braunkohlensande. Während der Untermiozänzeit allerdings kamen zunächst noch allgemein Meerestone zum Absatz. Nur im südlichen Schleswig-Holstein entstanden bis zu 130 m mächtig werdende festländische Sande mit Braunkohlen, die von einem deltaähnlichen Schüttungsfächer nahegelegener Flußmündungen in das

Tabelle 2

Die Ablagerungen des Jung-Tertiärs in Schleswig-Holstein

(Die Zahlen bedeuten Schichtmächtigkeiten bei normaler Lagerung; Grundwasserspeicher in Fettdruck)

Formation		Westküste	Südliches Holstein	Nördl. Schlesw.-Holstein	Ostküste
Pliozän		grobe **Kaolinsande** 50 m feine **Kaolinsande** feine-tonige Sande 30 m	**Kaolinsande** 30 m feine-tonige Sande 30 m	feine-tonige Sande 110 m	—
Miozän	Ober-	tonige Feinsande 40 m Glimmerton 180 m	tonige Sande 25 m Glimmerton 100 m	Glimmerton 40 m	—
Miozän	Mittel-	sandige Tone 60 m tonige Sande und Tone 80 m Tone und tonige Sande 100 m	Tone und tonige Sande 15—30 m **Sande** mit Braunkohlen und Tonen 20—30 m tonige Sande und Tone 40—60 m	tonige **Sande** 30 m **Sande** mit Braunkohlen 40 m tonige Feinsande und Tone 40 m Tone und tonige **Sande** 120 m	tonige Sande 20 m **Sande mit Braunkohlen** 40 m **tonige Feinsande** und Tone 150 m
Miozän	Unter-	Tone 150 m	**Sande** mit Braunkohlen und Tonen 130 m tonige **Sande** und Tone 30—100 m	tonige Sande und Tone 150 m	Tone 160 m
Alttertiär:		Im gesamten Untergrund fast nur aus sehr mächtigen Tonen bestehend			

Untermiozänmeer vorgetrieben wurden. Das im Westen noch verbliebene Meer jedoch drang im Mittelmiozän wieder über diese Sande und Braunkohlensümpfe hinweg und brachte 40 — 60 m mächtig werdende Tone und tonige Feinsande mit. Darüber stellten sich abermals festländische Sande von 20 — 30 m Stärke mit Braunkohlen ein, die nicht nur in Südost-Holstein, sondern nunmehr auch im Bereiche der Ostküste und des Binnenlandes bis nach Dänemark weite Verbreitung fanden. Den Abschluß der Mittelmiozänzeit bilden wieder Tone und Sande von 15 — 30 m Mächtigkeit, die in dem Meere entstanden, das von der Westküste her abermals unser Land überzog. Es verhielt lange Zeit bei uns und tauchte ganz Schleswig-Holstein unter das Glimmertonmeer, das die Obermiozänzeit ausfüllte und dabei fette oder magere, lagenweise durch helle Glimmerschüppchen ausgezeichnete bituminöse Tone hinterließ. Im Osten sind von diesen Tonen nur geringmächtigere Schichten erhalten als im Westen. Die Tonablagerungen der Obermiozänzeit haben ganz verschiedene Schichtstärke, sie erreichen in Süd-Holstein und an der Westküste bis zu 180 m.

Durch den in den oberen Teilen des Glimmertons zunehmenden Sandgehalt gibt sich der Rückzug des Obermiozänmeeres zu erkennen. Schleswig-Holstein tauchte wiederum allmählich von Osten her gegen Westen aus dem Meere empor und war von nun an gegen tiefere Meereseinbrüche infolge der ständig mehr ansteigenden Höhenlage besser als zuvor geschützt. Während der Pliozän-Formation, dem jüngsten Abschnitt der Tertiärzeit, bildete Schleswig-Holstein — zunächst noch mit Ausnahme des Nordwestens und der Nordseeinseln — ein von üppiger Vegetation bekleidetes, von Seen und Sumpfgebieten bedecktes und von Flüssen durchzogenes hoch gelegenes Festland. Wie überwiegend in den vorangegangenen erdgeschichtlichen Perioden war auch das Klima noch so warm, daß Palmen und Sumpfzypressen bei uns wuchsen. Die Gesteinsverwitterung führte zur Bildung von Kaolinton. Der Pliozänzeit angehörende Ablagerungen sind in den tieferen

Schichten grünlichgraue sandige Tone und Brauneisensteinlagen des tertiären Restmeeres, in den höheren Schichten hellgelbe bis weiße Quarzsande, wie sie auf Sylt in den Kliffs sichtbar zutage liegen, hellgraue fette Kaolintone und vereinzelte Braunkohlenflöze. Im Untergrunde Schleswig-Holsteins wurden pliozäne Schichten vielfach angetroffen und in größerer Mächtigkeit, vereinzelt bis mehr als 100 m erbohrt. In den obersten sandigkiesigen Schichten des Pliozäns auf Sylt beobachtet man große fremdartige Gerölle, die aus anderen Gebieten zu uns gebracht worden sein müssen. Mit Recht erblickt die Wissenschaft darin den Übergang zu einem Erdgeschehen, das ganz anderer Art war als bisher: Dem Eiszeitalter oder das Diluvium.

Diese Vorgänge mögen etwa 900 Jahrtausende zurückliegen. Die Ursachen der Eiszeit sind wissenschaftlich noch umstritten. Wir wollen sie hier nicht erörtern. Uns muß die Tatsache genügen, daß zu der Zeit mit sinkenden Temperaturen die Schneefälle überhand nahmen und sich die zu Eis verdichtenden Schneemassen von Skandinavien her als riesige, wohl mehr als 1000 m mächtige Gletscher allmählich talwärts bewegten und so im ganz langsamen Schrittmaß auch unser schleswig-holsteinisches Land wie den Norden Europas, Asiens und Amerikas überdeckten. Die Alpen und andere Gebirge hatten ihre eigenen Vereisungen. Dieses Geschehnis war im Diluvium nicht einmalig, sondern wiederholte sich mehrfach, da man aufgrund der hinterlassenen Ablagerungen auf drei bezw. vier größere, von einander getrennte Eiszeiten rückschließen muß. Die Eiszeiten als Ausdruck kälterer, lang anhaltender Witterungsverhältnisse wurden von wärmeren Perioden unterbrochen (s. Tabelle 1). In diesen ebenfalls lang anhaltenden Zwischeneiszeiten kamen Schichten zum Absatz, die teilweise dem Meere entstammen, das den zurückweichenden Eismassen folgte, oder die auf dem Lande oder durch Flüsse, in Seen oder Mooren gebildet wurden. Manche dieser Absätze enthalten pflanzliche und tierische Reste oder auch Spuren der ersten menschlichen Tätigkeit in Schleswig-Holstein. Demgegenüber brachten die großen Inlandeis-Gletscher von ferner her nur Schutt ohne irgendwelche Anzeichen etwaiger Lebewesen: Moränenablagerungen wie Mergel, Gesteinsblöcke, Kiese und Schmelzwassersande. Die Ablagerungen aus den verschiedenen Eiszeiten setzen die oberen Bodenarten Schleswig-Holsteins zusammen.

Mit dem Ausklingen des Eiszeitalters begann vor etwa 18 Jahrtausenden die Nacheiszeit oder das Alluvium, verursacht durch allmählich zunehmende allgemeine Erwärmung. Es ist der geologische Zeitabschnitt, in dem auch wir heute leben, und von dem niemand weiß, ob auch er nicht nur eine Zwischeneiszeit, auf die in vielen tausend Jahren eine erneute Vergletscherung folgen könnte, bedeutet. Im Alluvium vollzog und vollzieht sich auch jetzt noch die Umwandlung des Landschaftsbildes durch die auf- und abbauenden Naturkräfte zu Lande und unter Wasser sowie unter Einwirkung des Klimas, der Verwitterung und der Niederschläge. Nicht zuletzt hat der Mensch während der Nacheiszeit in die Naturvorgänge eingegriffen, die Landschaft nach seinem Willen gestaltend, Wälder rodend, Äcker pflügend und durch Fleiß wie geschicktes Vorgehen allmählich der See die jetzigen weiten ertragreichen Marschen abgerungen.

Bodenaufbau

Die Vielartigkeit der während des Eiszeitalters und auch während der Nacheiszeit entstandenen Bodenarten geht aus geologischen Karten hervor. Die Aufzeichnungen der einzelnen Bodenarten gestattet ihre Verteilung zu erkennen; außerdem ist in solchen Karten angegeben, welchen Zeitabschnitten der geologischen Geschichte sie jeweils angehören. Jedoch kann man von der Verteilung der Bodenarten an der Oberfläche nicht ohne weiteres auf die Zusammensetzung des Bodenaufbaues im tieferen Untergrund schließen. Das setzt genauere geologische Kenntnisse und das Wissen um die Ergebnisse zahlreicher Bohrungen und besonderer Vermessungen, vor allem auch erdphysikalischer Art, voraus. Oberfläche und tieferer Untergrund sind in ihrem Aufbau voneinander so abweichend und unterschiedlich, daß im folgenden zunächst darüber einiges mitgeteilt sei.

Oberfläche

Für unsere Zwecke ist eine besondere Übersichtskarte der geologischen Ablagerungen in Schleswig-Holstein beigegeben (Karte 1). Hierin sind die Bodenarten ihrer Entstehungsgeschichte nach ebenso wie nach ihrer Neigung und Fähigkeit, Wasser durchzulassen oder nicht, ausgeschieden worden. Aus der Altersdeutung der Bodenarten ersieht man die mehrfache Gliederung unseres Landes. Nur die Ablagerungen der Nacheiszeit (= alluviale Bildungen) befinden sich als Überlagerung auf eiszeitlichen (= diluvialen) Sedimenten aller Art. Dünensande, Torfe und moorige Bildungen bedecken dabei große Flächen. Der Schlick (Klei) der Marschen setzt als ehemaliger Nordseeboden die ebene westlichste Zone zusammen. Ablagerungen aus der jüngsten Eiszeit (= jungdiluviale Bildungen) machen in wechselreichem Bodenrelief die Ostzone Schleswig-Holsteins aus, wobei sie durch kuppige Endmoränenlandschaften gegenüber der ebenfalls jungeiszeitlichen, aus Schmelzwassersanden (= Sandersand) bestehenden, gleichförmig ebenen Mittelzone abgegrenzt sind. Zwischen der Zone des Sandersandes und den Marschen liegt das Gebiet, dessen Boden während älterer Eiszeiten (= altdiluviale Bildungen) entstanden ist. Es sind Ablagerungen, welche die infolge langanhaltender Verwitterung jetzt nur flachwellig erscheinenden Geestgebiete zusammensetzen. Diese vier verschiedenartigen Zonen, in die auch die Inseln jeweils nach der Art ihrer Entstehung entfallen, erstrecken sich in nahezu nordwest-südöstlicher Richtung. Nur gelegentlich werden unter den diluvialen und alluvialen Ablagerungen Schichten aus älterer Zeit sichtbar. Es sind das verschiedene Bildungen altdiluvialer Absätze unbestimmten Alters oder tertiäre Sande und Tone oder auch, wie bei Segeberg, Lägerdorf und Lieth nahe Elmshorn, Gesteine aus noch älterer Zeit (Kreide- und Perm-Formation).

Die Bodenarten bestehen aus wasserdurchlässigen oder praktisch undurchlässigen Schichten. Zu den ersteren gehören die den verschiedensten tertiären, eiszeitlichen und nacheiszeitlichen Vorgängen entsprechenden Sande und Kiese oder moorige Ablagerungen, zu den letzteren Tone und Geschiebelehme oder -Mergel des Diluviums sowie Tone des Tertiärs oder Schlicke des Alluviums.

Von der Oberfläche her setzen sich die einzelnen Bodenarten jedoch nicht ohne Unterbrechung in die Tiefe fort, sondern zwischen sandigen und tonigen, mergeligen und kiesigen Schichten besteht ein vielfacher Wechsel, wie man das in mancher tieferen Erdbaugrube jederzeit beobachten kann. Dabei sind die Überlagerungen oftmals so vielfältig, wobei auch die Mächtigkeit der jeweiligen Schichten jeweils wechselt, daß man die Zusammensetzung des Untergrundes im einzelnen nicht immer voraussagen kann. Nur in den Grundzügen zeigt sich eine gewisse Regelmäßigkeit der Art, daß die jüngeren Ablagerungen die älteren überdecken und zwischen undurchlässigen Schichten zumeist durchlässige wasserführende Ablagerungen eingeschaltet sind. Im allgemeinen lagern unter den Schichten des Alluviums bei uns also zunächst diluviale und noch tiefer tertiäre Sedimente. Umgekehrte Schichtenfolgen sind Seltenheiten, und nur dort zu treffen, wo jüngste Bewegungsvorgänge der Erdkruste ältere Schichten betroffen haben und wo durch eiszeitlichen Transport Gesteine als sogenannte Schollen von ferner her verschleppt wurden. Innerhalb alluvialer Schichten brauchen derartige Verlagerungen nicht erwartet zu werden. Unterhalb verschleppter Gesteinsschollen folgen dann wieder jüngere Schichten.

Auf die Ablagerungen in Oberflächennähe haben die Verwitterungsvorgänge unter dem Einfluß von Klima, Vegetation, Tierwelt und Mensch, wie auch des strömenden Wassers seit langem eingewirkt. Dabei wurden die Bodenarten mehr oder weniger stark verändert. Der Kulturboden (Mutterboden) mit seinem reichhaltigen Bakterienleben, der Durchwurzelungsraum mit Tierhöhlen und pflanzlichen Einschlüssen, die eigentlichen „Bodenprofile" als Ausdruck von Klima und Bestand haben sich herausgebildet, wobei sowohl chemische als auch physikalische Umwandlungen erfolgt sind. Der ursprüngliche Kalkgehalt des Bodens hat abgenommen, Eisenverbindungen wurden zu Schichteinlagerungen verdichtet (Ortstein, Voßboden, Ahlerde), die feinsten und tonigen Bestandteile ausgewaschen, Steine und Kiesgerölle angewittert. Das einsickernde Regenwasser hat die lösbaren Bestandteile des oberen Bodens zur Tiefe mitgenommen und dem unteren Boden und dem Grundwasser zugeführt. Diese Verwitterungsvorgänge spielen sich von jeher in ihrer vielfältigen Abwechslung ab, und so nimmt es nicht wunder, daß an der Oberfläche die älteren Bodenarten gegenüber den jüngeren im allgemeinen stärker ausgewittert sind. Dadurch erklärt es sich zum Beispiel, daß die jungen bindigen Marschenböden noch an oder nahe der Oberfläche und die jungeiszeitlichen tonigen Ablagerungen in geringer Tiefe, oftmals noch innerhalb des obersten Meters, ihren ursprünglichen Kalkgehalt haben, während ausgewaschene mineralarme Sande gleichen Alters und vor allem die meisten alteiszeitlichen und noch älteren Sedimente, selbst die tonigen, ihren Kalkanteil so stark einbüßten, daß der ursprüngliche Kalk erst in 10, 20 oder mehr Metern Tiefe angetroffen wird.

Ein derartiger Verwitterungszustand gibt sich auch im Grundwasser zu erkennen: Hartes Grundwasser wird überwiegend in kalkreichen, weiches in kalkfreien Schichten auftreten. Eisenreiches Wasser liegt stets dort vor, wo das Grundwasser Gelegenheit hat, lösliches Eisen dem Boden zu entführen. Das gilt für oberflächennahes wie für tieferes Grundwasser.

Infolge der eiszeitlichen und nacheiszeitlichen Herausbildung der Landschaft Schleswig-Holsteins nehmen die Bodenarten dieser beiden Formationen die Oberfläche und den Untergrund bis zu einer gewissen Tiefe ein. In der beigefügten Übersichtskarte der geologischen Ablagerungen (Karte 1) sind die Bodenarten in wasserdurchlässige und undurchlässige eingeteilt worden. Wir wollen zunächst ihre Kennzeichen sowie ihr Zustandekommen besprechen.

Durchlässige Bodenarten

Die Durchlässigkeit eines Bodens hängt von dem Anteil und der Größe der Hohlräume, den Poren, ab. Je größer das Porenvolumen, der Gesamtinhalt aller Hohlräume eines Bodens ist, umso größer ist auch die Durchlässigkeit der betreffenden Bodenschicht. Das Niederschlagswasser, das in den Boden einsickert, bleibt zunächst als dünne Haut um die einzelnen Bodenteilchen haften. Der Überschuß bewegt sich abwärts und erfüllt die dünnen, zusammenhängenden Hohlräume, die ein Festhalten des Wassers gegenüber der Schwerkraft ermöglichen. Hier bildet es kapillar gebundenes Wasser (das selbst in sonst undurchlässigen Schichten den Pflanzen das Leben in trockenen Jahreszeiten ermöglicht). Unterhalb einer gewissen Fläche sind alle Poren des durchlässigen Bodens schließlich mit Wasser erfüllt. Dies ist der G r u n d w a s s e r s p i e g e l, der die obere Bodenfeuchtigkeit vom eigentlichen Grundwasser trennt. Schotter, Gerölle, Kiese und Sande sind gut durchlässige Bodenarten, so lange keine tonig-lehmigen Zwischenlagen in ihnen enthalten sind. Mit der abnehmenden Korngröße eines Sandes nimmt auch die Durchlässigkeit ab, so daß sie bei Sand, dessen überwiegender Kornanteil kleiner als 0,1 mm ist, fast ganz aufhört. Die wasserführenden Bodenarten nennt man W a s s e r s p e i c h e r.

Das geologische Alter eines Bodens ist für die Durchlässigkeit nicht entscheidend, wohl aber der Mineral- und Verwitterungszustand und — wie wir sahen — die natürlichen Gegebenheiten der Oberfläche. Letztere wirken sich auf die tieferen Bodenschichten nicht so sehr als unter Umständen auf deren Grundwässer aus.

1. Dünensand und Nehrungen

Die Lage und Verteilung der Dünen zeugt von der Tätigkeit und vorwaltenden Richtung der Winde. Nehrungen sind Strandgebilde aus Sand und Kies, die unter der Einwirkung der Küstenströmung zustande kamen. Dünen entstanden bereits, als das letzte Inlandeis abschmolz und der hinterlassene, zunächst noch gefrorene und späterhin vernäßte Boden allmählich trocknete und vom Winde zusammengehäuft werden konnte. Deshalb gibt es verschiedenaltrige Dünen und Flugsanddecken der Nacheiszeit. Auch heute noch hält die Dünenbildung an. Die ältesten Dünen haben durch längere Verwitterungseinwirkungen schwarzbraune Färbung, die auf Humus- und Eisenverbindungen beruht. Braun- und Gelbdünen sind jünger, weniger durch Verwitterung umgewandelt und bilden den Übergang zu den Weißdünen, den noch bewegten Wanderdünen. Je nach dem Ausmaß der Windwirkung ist die Größe des Korns verschieden. An der Westküste, vor allem auf den Inseln Sylt und Amrum, sind die vom Winde zusammengetragenen Sandkörner nicht selten bis hirsegroß, vereinzelt sogar noch gröber. Dünensande sind somit vorzüglich wasserdurchlässig. Wo sie keinen besonderen Einwirkungen unterliegen, führen die Dünensande weiches Wasser.

2. Torf und Moorerde

In Bodenmulden gestautes Niederschlagswasser träge zutage liegender Grundwasserspiegel, sowie in Hängen ausfließendes Quell- und Sickerwasser führten im Verlaufe des nacheiszeitlichen Klimas zur Ansiedlung von Sumpfgewächsen, die nach dem Absterben in Verwesung gerieten und zum Nährboden für andere Pflanzen wurden. Es wuchsen allmählich Moore empor, deren Bodenschichten aus Torf verschiedener Arten bestehen: Hochmoore mit Weiß- und Brauntorf, Niederungsmoore mit Schwarz- und Lebertorf und Hang- sowie Quellmoore mit unreinem Torf. Moorerde heißen torfige Schichten mit hohem Sandanteil. Manche unserer Moore haben 12 oder mehr Meter Torfmächtigkeit. Heute geht jedoch nur, wenn das Pflanzenleben der Moore nicht durch künstliche Entwässerung oder sonstige Kultivierungsmaßnahmen zum Erliegen gebracht wurde, die Torfbildung noch ganz gering weiter vor sich.

Die Torfmoore sind wie ein Schwamm voll Wasser gesogen. Aber das Wasser ist infolge der aus dem Torf lösbaren Humusstoffe tiefbraun oder gelb gefärbt und unansehnlich. Man wird also für Wassererschließungen aus geringerer Bodentiefe die Moore und Niederungen mit torfigem Grund meiden, weil das Wasser aus diesen auch in den durchlässigen Untergrund gedrungen ist und ihn bis in die weitere Umgebung eines Moorgebietes beeindruckt. Nur undurchlässige mächtigere Schichten im Untergrund verhindern das Absickern des Moorwassers.

3. Tal-, Becken- und Sandersand

Diese Ablagerungen umfassen Sande verschiedener Korngrößen, denn da es Bildungen sind, die infolge eiszeitlicher Schmelzvorgänge in strömenden Gewässern oder auch in stilleren Wasserbecken sedimentiert wurden, wechselt der Kornanteil sowohl schichtweise als auch je nach Entfernung vom ursprünglichen Aufbereitungsort. Die Transportkraft des fließenden Wassers hat eine Sonderung der einzelnen Körner nach Größe und Schwere vorgenommen, so daß im Ostteil der von den Moränen hergebrachten Schmelzwassersande (Sandersande) mehr Grobsand und Kies vorhanden ist als in ihrem Westteil. Solche Sandersande nehmen weite Flächen im Mittelrücken Schleswig-Holsteins ein. Sie haben in der Nähe des ehemaligen Eisrandes, also im Vorland der Endmoränen, noch ein unruhiges Bodenrelief, das nach Westen in ebene, ruhige Geländeformen übergeht. Sobald sich späterhin die ungezählten einzelnen Schmelzwasserbäche zu ausgeprägten Flüssen vereint hatten, entstanden durch Umlagerung des Sandermaterials die weitverbreiteten terrassenförmigen, zumeist leicht humosen Talsande. Beckensande sind vorwiegend von feinerem Korn und enthalten vielfach eingelagerte tonige Schichten.

Während die Sandersande und Talsande gut durchlässig sind und bei größerer Mächtigkeit die Grundwasserentnahme leicht gestatten, sind Beckensande zwar auch durchlässig, jedoch infolge ihrer Toneinlagerungen für Wasserversorgungen seltener geeignet. In Schleswig-Holstein führt das Grundwasser dieser drei Bodenarten, wenn sie nur geringmächtig sind, wegen zu hohen Humus- und Eisengehaltes oft zu hygienischen Beanstandungen.

4. Geschiebesand und Kies

Vom Gletschereis mitgebracht und durch Schmelzwässer verlagert wurden Gerölle, Kies und kiesige Sande, sogenannte Geschiebesande, die sich auf oder zwischen den lehmigen Grundmoränenschichten befinden. Es sind zumeist buntfarbene Gemenge von Steingeröllen und Sanden aller Korngrößen, die bei Wasserführung besonders günstige Nutzung ermöglichen. Kiese und Geschiebesande sind während aller Eiszeiten abgelagert worden, so daß sie sich in jungeiszeitlichen Gebieten ebenso häufig finden wie in alteiszeitlichen. Innerhalb der Endmoränen sind derartige Kiessande durch die schiebenden Wirkungen des Gletschers vielfach verlagert (gestaucht), wodurch ihre Schichten zumeist nicht mehr horizontal liegen, sondern verbogen und gefaltet angetroffen werden.

3. Untere diluviale und tertiäre Bildungen

Um unsere Übersichtskarte der geologischen Ablagerungen (Karte 1) nicht mit mehr untergeordneten Vorkommen noch andersartiger Bodenarten zu belasten, wurden durchlässige Bildungen des Diluviums und Tertiärs, die unter jüngeren Schichten lagernd an der Oberfläche sichtbar sind, zu einer Signatur zusammengefaßt. Bei den diluvialen Ablagerungen handelt es sich um sandige und kiesige Schichten nicht näher bestimmbaren Alters (bei Flensburg, an der Schlei sowie am Stapelholm), bei den tertiären um Sande oder kiesige Sande, die den Formationen des Pliozäns (Sylt) und Mittelmiozäns (an der Elbe) angehören. Derartige Bildungen haben erst im Untergrunde weite Verbreitung und dort für die Wassererschließung größte Bedeutung.

Undurchlässige Bodenarten

Im Gegensatz zu den vorstehend besprochenen Bodenarten sind die nachfolgenden praktisch wasserundurchlässig. Es sind das die Wasserstauer, die nur enge oder zu wenige Poren besitzen, als daß sie das in sie dringende Wasser durchlassen könnten. Hierzu gehören die feinkörnigen Sande mit weniger als 0,1 mm Korngröße, sowie die lehmigen, mergeligen und tonigen Gesteine, die einem Durchfluß von Wasser den größten Widerstand bieten. Nur wenn die Schichten solcher Bodenarten von offenen Klüften durchzogen sind, vermag das Wasser hindurchzuwandern.

1. Schlick der Marschen

In den seichten Gründen der Nordsee bildet sich noch heute der Wattenschlick, der aus feinem, von Ton durchsetztem Sand besteht. Pflanzliche und tierische Reste sind in ihm in großen Mengen vorhanden. Dadurch erklärt sich der organische Gehalt an Humusstoffen und Kalk des Schlickes. Von Menschenhand in seiner Sedimentation gefördert (Grüppelung, Lahnungen, Deiche), wurde in geschichtlicher Zeit dieser Wattenschlick dem Meere allmählich entrissen und zu fruchtbarem Boden in Kögen umgewandelt. Er hat bei größerer Mächtigkeit weite Verbreitung, so daß er sich in der gesamten Marschlandschaft, nur gelegentlich von Sandschichten oder Torflagen unterbrochen, findet. Seine tonigen Schichten sind wasserundurchlässig.

Ganz allgemein sind die Marschablagerungen für die Wassererschließung infolge ihrer Entstehung und organischen Einlagerungen ungeeignet; ihre sandigen Schichten enthalten überwiegend Salzwasser.

2. Beckenton

In Verbindung mit den wasserdurchlässigen Beckensanden findet sich Beckenton. Das ist ein tonreicher feiner Sand oder sogar fetter Ton, wie er weite Verbreitung vor allem in der Umgebung von Lübeck hat. Er kommt in kleinen ehemaligen Bodensenken oder im Grunde von Torfmooren häufiger vor.

3. Geschiebelehm

Als Grundmoräne unter dem Gletschereis der einzelnen Eiszeiten entstanden, hat der zumeist gelbbraune Geschiebelehm in Schleswig. Holstein sehr weite Verbreitung. Er ist ein inniges Gemenge von Sand mit Ton und Steinen (Geschieben). Sein Kalkgehalt ist in einiger Tiefe meist noch vorhanden. Dann ist er überwiegend grau; man nennt ihn Geschiebemergel. In größerer Mächtigkeit ist er völlig wasserundurchlässig. Da er zusammenhängend weite Flächen zutage und in der Tiefe einnimmt, stellt er einen vorzüglichen Wasserstauer dar, der einzelne Grundwasserhorizonte voneinander trennt und das Einsickern der Niederschläge von der Oberfläche her verhindert. In ihrem Verwitterungszustand sind die Geschiebelehme der einzelnen Eiszeiten unterschiedlich. Je jünger oder toniger der Geschiebemergel ist, desto geringer ist im allgemeinen seine Verlehmungs-(Entkalkungs-)rinde. Zur Tiefe hin jedoch ähneln sich die Geschiebemergelschichten äußerlich sehr, obwohl ihr Kalk- und Tonanteil lagenweise und selbst auf kleine Entfernungen wechselt. Die Zahl der Geschiebe und Gerölle hat für die Fähigkeit des Mergels als Wasserstauer keine Bedeutung.

4. Diluviale oder tertiäre Tone und ältere Gesteine

Fette bis magere eiszeitliche Tone, die ehedem in ruhigen Becken abgesetzt wurden, kommen häufig als wasserstauende Einlagerungen zwischen den anderen Schichten vor. Sie reichen ebenfalls wie Tone der Tertiär - Formation gelegentlich bis an die Oberfläche. Obermiozäner Glimmerton, Tone des Mittel- und Untermiozäns wie auch des Alttertiärs (Septarienton und Tarras) oder tonige Gesteine noch älterer Formationen (Kreide von Lägerdorf, roter Ton des Perms von Lieth) sind vielfach nahe der Oberfläche gelegen. Der Gips und Anhydrit des Segeberger Kalkberges läßt zwar im Bereiche seiner starken Zerklüftung die

Niederschläge in die Tiefe versickern, jedoch sind diese für Grundwassererschließungen wegen der dabei aufgenommenen Mineralstoffe nicht zu verwenden.
Die undurchlässigen tertiären Tone und älteren Gesteine, auch die nur wenig wasserdurchlässigen Kreideschichten, haben als Wasserstauer im Untergrund größere Bedeutung für die Wassererschließung.

Untergrund

Die Bodenarten der Oberfläche setzen sich zur Tiefe hin fort. Nacheiszeitliche Ablagerungen wie Torfe, Dünensande und Nehrungsbildungen haben allerdings eine recht beschränkte Mächtigkeit. Die Schlicke der Marschen hingegen werden, von Sand- und Torflagen unterbrochen, bis zu 30 m, stellenweise sogar bis zu 40 m mächtig. Auch die Tal-, Becken- und Sandersande, sowie die Beckentone reichen von der Oberfläche zumeist nur wenige Meter tiefer, wobei 15 m selten überschritten werden. Hingegen sind Geschiebesande und Kiese wie auch die Geschiebemergel zumeist erheblich mächtiger, so daß bei Bohrungen bis zu 90 m Schichtdicke einheitlichen Geschiebemergels angetroffen wurden.

Bodenaufbaumäßig besteht innerhalb der eiszeitlichen Ablagerungen häufige Wechselfolge. Altdiluviale Bildungen tauchen im Osten unseres Landes unter die jungdiluvialen, wobei in einigen Gebieten torfige oder faulschlammähnliche Sedimente zwischen den Ablagerungen der verschiedenen Eiszeiten auftreten.

Die Schichtenfolge alluvialer und diluvialer Ablagerungen (Quartär) ist zusammengenommen außerordentlich verschieden (Karte 2). Es gibt Gebiete, in denen diese Schichtenfolge sehr dünn ist und nicht oder nur wenig bis unter Meeresspiegel hinabreicht; demgegenüber gibt es ausgeprägte Quartärmächtigkeiten von mehreren hundert Metern und Tiefengebiete, in denen die Unterkante der eiszeitlichen Ablagerungen bis tief unter das Niveau der Meeresspiegel taucht. Die großen Quartärmächtigkeiten fallen keineswegs mit den höchsten morphologischen Gebieten zusammen. In der Hamburger Gegend liegt die Grenze der diluvialen Bodenarten teilweise bei — 300 m NN, bei Kiel tiefer als — 200 m NN und bei Tönning sogar bei mehr als — 400 m NN (Karte 3). Zwischen diesen Tiefenzonen sind Höhengebiete geringmächtigeren Diluviums eingeschaltet. Die Unterfläche und die Mächtigkeiten der diluvialen Schichtenfolge sind also recht unregelmäßig. Dank der langjährigen Untersuchungen der überaus zahlreichen Bohrungen in Schleswig-Holstein kann man sich heute von der Auflagerung des Diluviums über den Bodenarten der älteren Formationen ein ziemlich genaues Bild machen.

Die an der Diluvialbasis lagernden Bodenarten älterer Formationen sind überwiegend Schichten des Tertiärs, die vereinzelt bis an die Oberfläche treten. In der Übersichtskarte der Verbreitung voreiszeitlicher Ablagerungen im Untergrunde der quartären Schichtenfolge (Karte 3) wird deutlich, wie im Westen und Süden Schleswig-Holsteins eine nahezu geschlossene Decke mächtigen obermiozänen Glimmertones vorhanden ist, und daß vereinzelt, wie bei Kiel und südwestlich Neumünster, Reste dieses Glimmertones erhalten geblieben sind. Der Mittelteil und Osten Schleswig-Holsteins werden im Untergrunde durch verschiedene Bodenarten des Mittelmiozäns eingenommen, und zwar durch Tone und Sande in Wechsellagerung mit festländischen Braunkohlenflözen sowie weiterhin nach Westen durch gleichaltrige Meerestone. Schichten des Untermiozäns bilden die Auflagerungsfläche des Diluviums erst südlich und südöstlich von Hamburg.

Die Sedimente des Pliozäns, das als jüngster Abschnitt des Tertiärs vor allem durch Absätze von fast weißen Flußkiesen bei uns Bedeutung hat, sind auf den Inseln Sylt, Föhr und Amrum sowie auf weite Flächen der Westküste und vereinzelt auch im Binnenlande oberhalb der miozänen Ablagerungen erhalten geblieben.

Im Osten Schleswig-Holsteins, insbesondere unter Fehmarn und der Landschaft Wagrien, aber auch westlich von Rendsburg und Eckernförde, bei Innien und Segeberg, sowie verschiedentlich südlich von Lübeck und in der Umgebung der

Geltinger Bucht bilden Tone des Alttertiärs, vor allem der sehr mächtig werdende eozäne Tarraston, die unmittelbare Auflagerungsfläche für die diluvialen Schichten.

Die aus Tertiärbildungen bestehende Unterlage des Diluviums wird jedoch mehrfach von Schichten der Kreide und der Perm-Formation durchbrochen. Gesteine dieser Formationen treten innerhalb der durch erdphysikalische Untersuchungen ermittelten und durch zahlreiche bis zu mehreren tausend Metern Tiefe ausgeführten Bohrungen erwiesenen Strukturkörper auf, die wir uns als die Gipfel versunkener Gebirge vorstellen können. Einzelne Gipfel kommen bis an die heutige Oberfläche oder ragen sogar über sie hinaus. So sind südlich Elmshorn die roten, salzführenden Tone der Perm-Formation, und zwar des Rotliegenden, nur wenige Meter unter der heutigen Landoberfläche vorhanden; in Eiderstedt lagern bei Oldenswort gleichartige Gesteine bereits 11 m unter der Marschenlandschaft! In Hamburg-Langenfelde war bis vor wenigen Jahren Gips in einer Grube aufgeschlossen, der gleiche Gips, der bei Segeberg den aufragenden Kalkberg bildet. Diese Gipse in Verbindung mit Anhydrit sind Ablagerungen ebenfalls der Perm-Formation, und zwar des Zechsteins, in dem auch die Salzlagerstätten Norddeutschlands in ihrer oft so großen Mächtigkeit zur Ausscheidung aus dem Meerwasser gelangten. Salzlagerstätten kamen auch während anderer Zeiten zum Absatz. So gibt es im Untergrunde Salze aus der Muschelkalk- und Keuperzeit, den Unterabschnitten der Trias-Formation. Alle diese Salzlagerstätten befinden sich aber heute in ganz verschiedenen Tiefenlagen. Mit Ausnahme der Umgebung von Segeberg werden sie bei Wassererschließungen im allgemeinen nicht angebohrt. Jedoch wirken viele dieser Lagerstätten auf unser Grundwasser versalzend, so daß auch die weitere Umgebung der alten Strukturkörper für Wasserbohrungen zumeist nicht vorteilhaft ist.

Boden und Grundwasser

Die von der Erdoberfläche in den Boden versickernden Niederschläge wandern zur Tiefe, bis sie über undurchlässigen Schichten zum Stillstand kommen oder bei deren geneigter Lagerung zum unterirdischen Abfluß veranlaßt werden. Sie sammeln sich dann als Grundwasser an, das sich in Wasserspeichern durchlässiger Schichten aufstaut und von dort aus bei Überlaufmöglichkeit, der Schwerkraft folgend, in langsame, flächenmäßige Strömung gerät. Engbegrenzte „Grundwasserströme" oder gar sich kreuzende „Adern" — wie sie von Wünschelrutengängern und anderen Laien behauptet werden — gibt es innerhalb der Lockergesteine des Diluviums und Tertiärs nicht; von derartigen, fluß- oder kanalähnlichen Strömungen des Grundwassers läßt sich nur innerhalb geklüfteter fester Gesteine sprechen.

Das im Boden angesammelte Wasser tritt nach Lagerung und Art der Schichten in verschiedenen Erscheinungsformen auf. Sickerwasser, Quellwasser, Schichtwasser, Kluftwasser, Tiefenwasser usw. sind nur Begriffe, denn stets handelt es sich bei dem im Boden lagernden oder aus ihm tretenden Wasser um Grundwasser.

Erscheinungsformen

Im Untergrund kann Grundwasser erst entstehen, wenn der obere Boden und auch die tieferen Schichten ihren Feuchtigkeitsbedarf voll gedeckt haben, den Bodenarten also mehr Niederschläge zugeführt werden, als sie kapillar festzuhalten vermögen.

Dieses überschüssige Infiltrationswasser sammelt sich in den aufnahmefähigen Schichten an, aus denen es beim Auflockern des Bodens als Sickerwasser zutage tritt. Besonders hangabwärts treten derartige Sickerwässer unterhalb des in Schlenken oder Abschlämmrinnen gelegenen Mutterbodens auf, so daß dort leicht Wasser in Ring- oder Sodbrunnen gefaßt werden kann. Streichen Sickerwasser-führende Schichten an Hängen des Geländes aus, so ergibt sich an derartigen Stellen die Möglichkeit des Quellwasser-Austritts. Je nachdem, ob das Sickerwasser gleichmäßig durch Niederschläge ergänzt wird oder ob sein Abfluß überwiegt, sind solche Quellen ständig oder periodisch. Ebenso fließt auf undurchlässigen Bodenarten gestautes Grundwasser dort als Quelle aus, wo es die Erdoberfläche erreichen kann (Überlaufquellen).

Das nicht als Sicker- und Quellwasser zutage fließende Infiltrationswasser verbleibt in den durchlässigen Schichten des Untergrundes, aus denen es nur durch besondere Eingriffe (Bohrungen, Erdbauarbeiten) oder Naturereignisse (Entblößung durch Erdrutsche u. ä. m.) frei zu werden vermag.

Das flächenhaft und allgemein träge dahinströmende Grundwasser strebt dem niedrigsten Niveau zu, das entweder ein Schichtenausbiß im Gelände, oder ein See, Fluß und letztendes das offene Meer ist. Gerät dabei das Grundwasser zwischen zwei abdichtende Schichten, so kann es auch weit bis unter den Meeresboden vordringen. Durch die Überlagerung undurchlässiger Bodenarten wird dem mit seinem höher gelegenen Ursprungsgebiet (Einzugsbereich) in kommunizierender Verbindung stehenden Grundwasser ein Spannungsdruck zuteil, der sich beim Anbohren durch den Auftrieb des Wassers äußert. Man nennt diesen Druck + artesisch, wenn das angezapfte Wasser über Gelände frei ausläuft. Reicht die Spannung dafür nicht aus, so daß das aufdringende Wasser unterhalb der Erdoberfläche verbleibt, spricht man von — artesischem Druck. Unter Spannung liegendes Grundwasser wird sich daher als + artesisch dort äußern, wo das Gelände niedriger liegt als die natürliche Auftriebshöhe des Wassers. Das ist bei Erdbauarbeiten ebenso zu bedenken wie beim Ansetzen von Bohrungen. Die beim unterirdischen Fließen des Grundwassers auftretende Reibung vermag den Spannungsdruck gegenüber der Höhenlage des Sammelgebietes jedoch zu mindern. Der frei werdende Wasserdruck erwirkt dann eine Spiegellage, die sich mit dem herrschenden Luftdruck das

Gleichgewicht hält. Unter Spannung befindliches Grundwasser, auch Druckwasser genannt, kann also unter hohem Atmosphärendruck und lebhaftem Geräusch (vor allem bei Gasgehalt) frei werden.

Im allgemeinen haben in Schleswig-Holstein die tiefer gelegenen Grundwässer einen stärkeren Auftriebsdruck als die in höher befindlichen grundwasserführenden Schichten. Auch macht sich vor allem in den Küstengebieten (z. B. in der Elbeniederung, auf den Nordseeinseln und auch bei Lübeck-Travemünde) oftmals eine weitgehende Abhängigkeit des Wasserspiegels vom Pegelstand der Nord- und Ostsee geltend. Dabei zeigt es sich, daß manche Tiefenwässer einen verstärkten Auftrieb erfahren, noch bevor die Flut oder windgestautes Meereswasser die Küste erreicht. Bei anderen Brunnen wiederum macht sich eine Verzögerung der Grundwasserspiegeländerung bemerkbar. Man darf die Ursachen für derartige Erscheinungen in dem Zusammendrücken der die Grundwasserhorizonte überlagernden abdichtenden Bodenarten durch die größere Meereswasserbelastung erblicken, wodurch die in den Bohrrohren stehenden Grundwässer etwa nach Art einer hydraulischen Presse hochgedrückt werden. Nimmt dieser hydraulische Belastungsdruck wieder ab, so geht auch der veränderte Wasserspiegel auf seinen alten Stand zurück. Unter solchen besonderen Umständen verwandeln sich also normale Brunnen vorübergehend in Brunnen mit überlaufendem + artesischem Wasser.

Grundwasserspeicher

Unter den durchlässigen Bodenarten, die irgendwie mit der Oberfläche durch das Schichtensystem oder Klüfte in Verbindung stehen, kommen die meisten für die Grundwasserspeicherung in Betracht. Allerdings ist nutzbares süßes Wasser von den jüngsten Bodenarten erdgeschichtlich abwärts nur bis einschließlich Untermiozän zu erwarten, weil alle älteren Sedimente in unserem Lande salziges Wasser enthalten. Auf den Inseln, im Küstengebiet und auch in manchen Teilen des Binnenlandes liegt die Grenze zum Salzwasser bereits höher, da das spezifisch leichtere Süßwasser auf dem schwereren Salzwasser schwimmt (s. Karte 10). Auf den Inseln bilden sich durch Infiltration der Niederschläge Grundwasser-Kalotten, deren Mächtigkeit sich annähernd berechnen läßt *).

Unser Gebrauchswasser ist in den dafür geeigneten Bodenarten aufgespeichert, wobei es infolge der wechselnden Überlagerung von durchlässigen mit stauenden Schichten auf seinen Wegen von den Einzugsgebieten her in Grundwasserhorizonte aufgeteilt wird. In Schleswig-Holstein lassen sich drei brauchbare Grundwasserstockwerke unterscheiden. Als oberes bezeichnen wir das Grundwasser, das einen freien, luftbedeckten Wasserspiegel besitzt, also in den obersten aufnahmefähigen Bodenarten ohne Überlagerung undurchlässiger Schichten aufgespeichert ist. Es wird zum Liegenden hin von den nächsten stauenden Sedimenten begrenzt. Unter ihnen folgt in durchlässigen Bodenarten ein neuer Wasserspeicher, der vielfach unter Spannung liegt und dem mittleren Grundwasserstockwerk unseres Landes angehört. Dieses Stockwerk ist in den meisten Fällen durch stauende Zwischenschichten in mehrere Horizonte aufgeteilt. Alle einzelnen Horizonte des mittleren Grundwasserstockwerkes stehen irgendwo im Untergrund miteinander in Verbindung; sie sind somit dem höheren Druckwasserstockwerk angeschlossen, das für Schleswig-Holstein den wesentlichsten Grundwasserlieferanten darstellt, weil es sich überwiegend in den Bodenarten des Diluviums, der geologischen Hauptformation unseres Landes, aufhält. Abgetrennt durch die untersten diluvialen oder obersten jungtertiären undurchlässigen Schichten folgt in der

*) Hat das Süßwasser das spezifische Gewicht 1,000, das Salzwasser in dem betreffenden Gebiet ein spezifisches Gewicht von 1,024, ist ferner H der Grundwasserstand zu *NN*, h die gesuchte Süß-Salzwassergrenze, so ergibt sich $h = \frac{1,000}{1,024} - 1,000\,H = 42\,H$ als ungefähr zutreffende Berechnungsformel für die Tiefenlage der Kontaktfläche einer Süßwasserkalotte. Unter dem höchsten Grundwasserstand wird also bei einheitlichen Schichten auch die Kontaktgrenze am tiefsten lagern, demnach die größte Süßwasser-Mächtigkeit vorhanden sein.

Tabelle 3

Die Grundwasserspeicher Schleswig-Holsteins

Grundwasserstockwerk	Nordseeinseln	Marschen	Alte Geest	Talsand- und Sanderlandschaft	Oestliches Hügelland	Fehmarn
Oberes = (Oberwasser)	alluviale bis pliozäne Sande und Kiese, (Kalotten, darunter nur **Salzwasser**)	alluviale Sande und Dünen, selten tiefer als NN (Kalotten, darunter **Salzwasser**)	quartäre Sande und Kiese (lokales Infiltrationswasser)	Flug- und Talsande Sandermaterial	jungglaziale Sande u. Kiese teils als Einlagerungen im oberen Geschiebemergel (lokale Bedeutung)	geringmächtige Sande, selten Kiese, zumeist ungenügendes Wasser (tiefer **Salzwasser**)
Mittleres = Höheres Druckwasserstockwerk	tiefer nur **Salzwasser**	Talsande, interglaziale u. altglaziale Sande u. Kiese (im Westtei' **Salzwasser**)	altglaziale Sande und Kiese (schwach gespanntes Druckwasser)		jung- und altglaziale Sande u. Kiese unterhalb des obersten bis zum untersten diluvialen Wasserstauer (Druckwasser, oft artesich)	nur **Salzwasser**
Unteres = Tieferes Druckwasserstockwerk	nur **Salzwasser**	pliozäne Sande u. Kiese (**Salzwasser**)	pliozäne und miozäne Sande und Kiese (stärker gespanntes Druckwasser, im Osten Schleswig-Holsteins oft artesisch)			nur **Salzwasser**
Im Liegenden nur **Salzwasser**, das teilweise bis in die höheren Grundwasserstockwerke aufdringt						

Landesmitte und zumeist im Osten das untere Grundwasserstockwerk, das durch die salzwasserführenden Sedimente begrenzt wird. Es stellt unser tieferes (und praktisch tiefstes) Druckwasserstockwerk dar, dessen Ausgleichsspiegel von denen höherer Grundwässer abweicht. In Tabelle 3 sind die Grundwasserspeicher Schleswig-Holsteins für einzelne Landesteile aufgeführt. In Ergänzung soll Abbildung 1 eine Vorstellung vom Bodenaufbau und der Grundwassernutzung vermitteln, wobei ein schematischer Querschnitt von der Nordsee bis zur Ostsee durch die wesentlichsten Schichten unseres Landes gewählt wurde.

Beschaffenheit des Grundwassers

Für die Nutzung der Grundwasserhorizonte kommen zu den durch die Lagerung der Bodenschichten und Wassermengen bedingten Erscheinungsformen die durch mineralische Zusammensetzung des Bodens, Güte und Tiefe des Speichers sowie durch den geologischen Aufbau verursachte Beschaffenheiten des Grundwassers hinzu. Es sind das physikalische und chemische Eigenschaften verschiedener Art, die selbst innerhalb ein und desselben Grundwasserhorizontes oftmals wechseln. Bei den der Erdoberfläche näher gelegenen Wasserspeichern spielen außerdem bakteriologische Einflüsse eine bedeutende Rolle. Schließlich auch wirkt sich die Lage unseres Landes zur Nord- und Ostsee auf unser Grundwasser bis teilweise weit in das Binnenland und tief in den Untergrund aus. Die Beschaffenheit der Grundwässer ist nicht konstant, sondern leichten Veränderungen unterworfen, die in höheren Wässern häufiger als in tieferen sind.

Inwieweit sich Wasser zu Versorgungszwecken eignet, hängt vom Befund seiner Beschaffenheit ab. Als Trinkwasser muß es klar, farb- und geruchlos und frei von giftigen oder gesundheitsschädlichen Stoffen sein. Es soll guten Geschmack und angenehme Temperatur haben. Als Brauchwasser hat es bestimmten Anforderungen zu entsprechen.

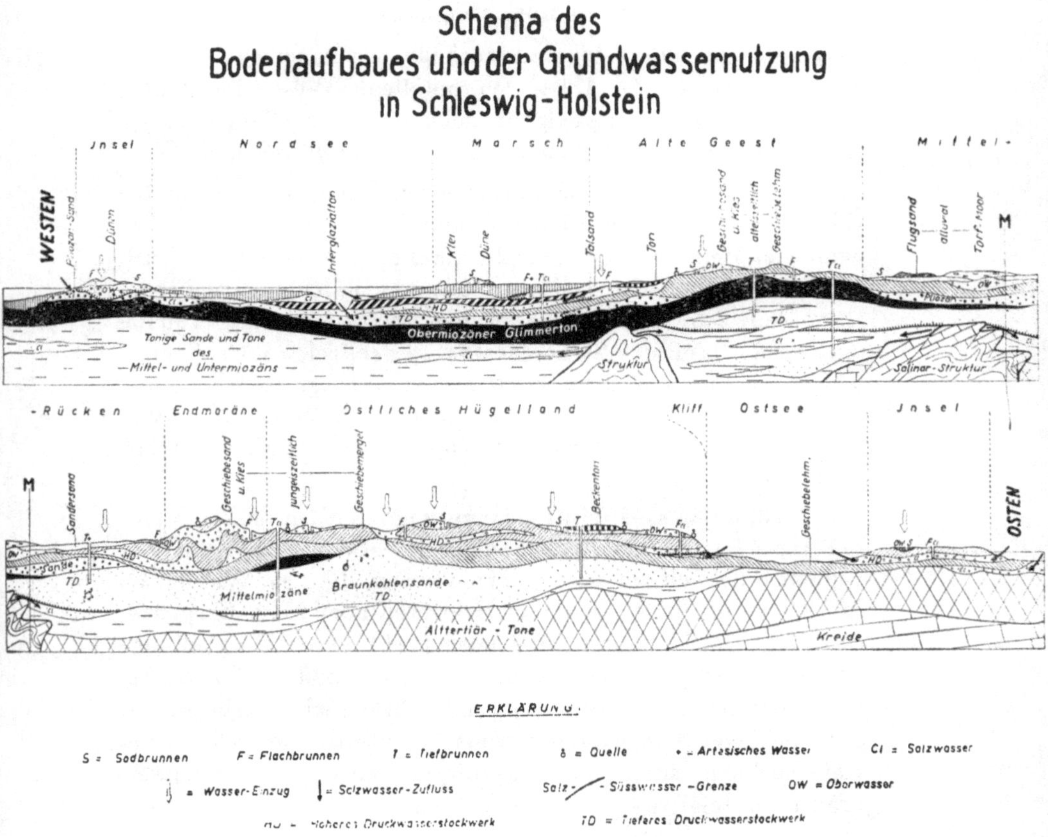

Abbildung 1

Schema des Bodenaufbaues und der Grundwassernutzung in Schleswig-Holstein

Dieses von der Nordsee bis zur Ostsee verlaufende Profil durch die hauptsächlichsten Bodenarten soll eine Vorstellung von der Lagerung wasserspeichernder und wasserstauender Schichten, den Einwirkungen versalzender Zuflüsse durch die Meere und die Strukturkörper des Untergrundes, sowie von der Nutzung des Wasserschatzes durch Brunnenanlagen vermitteln. Aus Anschaulichkeitsgründen mußte die Schichtenfolge, die sich nur auf die wesentlichsten Bodenarten beschränkt, in starker Überhöhung dargestellt werden.

Physikalische Beschaffenheit

Wasser ist zum Trinken brauchbar, wenn seine Temperatur zwischen 7 — 12° C Wärme liegt. Wesentlich kälter oder wärmer ist es ungeeignet, denn zu kaltes Wasser verursacht Erkrankungen und zu warmes Wasser schmeckt fade.

Unter gewöhnlichen Umständen weist reines Wasser völlige Klarheit auf. Jedoch kann Grundwasser durch feinste Bodenbestandteile oder gelöste Chemikalien wie auch durch Luft, Gase oder organische Stoffe getrübt oder milchig sein. In vielen Fällen schwindet bei erbohrtem Wasser solche Trübung nach einiger Zeit des Stehenlassens an der freien Luft. Manchmal jedoch trübt sich zunächst klares Wasser erst bei Luftzutritt infolge einsetzender chemischer Ausfällung. Das Aussehen nicht klaren Wassers ist opalisierend, milchig, trübe oder gefärbt.

Gefärbtes Wasser wirkt solange unappetitlich, als man sich die Ursache der Färbung nicht zu erklären und von der Unbedenklichkeit zu überzeugen vermag. Reines Wasser ist farblos, es erscheint in dicken Schichten aber blau. Ursprünglich farbloses Wasser kann jedoch nachträglich eine gelblichbraune Färbung erfahren, wenn Eisenhydroxyd ausflockt. Anfangs bereits vorhandene gelbe oder bräunliche Farbe deutet auf reichliche Beimengung organischer Stoffe, die sich bei der Untersuchung durch hohe Oxydierbarkeit (Permanganatverbrauch) anzeigt.

Geruch und Geschmack des Wassers sind für seine Genußzwecke von ausschlaggebender Bedeutung. Unangenehmer Geruch wird in unserem Grundwasser vielfach durch Mikroorganismen, Schwefelwasserstoff und Beimischung von Fäkalstoffen hervorgerufen. Bitterer, tintiger, saurer und salziger Geschmack beruhen auf chemischen Ursachen. Ungelöste Stoffe führen zu einem Bodensatz, der zu Verstopfungen der Rohrleitungen oder auch zu gesundheitlichen Schädigungen Anlaß geben kann. Solches Wasser ist stets genauer zu untersuchen, weil die in ihm enthaltenen Bestandteile Auskunft über die Zuflüsse der Verunreinigungen des Wassers zu geben vermögen.

Die Grundwässer Schleswig-Holsteins sind hinsichtlich ihrer physikalischen Beschaffenheit ziemlich unterschiedlich. Vor allem schwankt innerhalb des oberen Grundwasserstockwerkes die Temperatur in unmittelbarer Abhängigkeit von den klimatischen Zuständen. Klarheit und Färbung unterliegen bei ihm den organischen Einflüssen von der Oberfläche her. Auch der faulige Geruch und unangenehme Geschmack überwiegen in den der Oberfläche nahe gelegenen Grundwässern, sobald diese mit ihr in Verbindung stehen oder das Wasser in Bodenschichten lagert, die von Natur aus organische Verwesungsstoffe enthalten oder in denen die chemische Ausfällung oder Umwandlung von geruchs- und geschmackswidrigen Stoffen noch vor sich geht. Die Druckwässer des Untergrundes führen viel seltener zu Beanstandungen.

Chemische Beschaffenheit

Abgesehen von einigen Ausnahmen wird die Menge der im Wasser enthaltenen Substanzen in Milligramm pro Liter (mg/l) ausgedrückt.

Als Abdampf-Rückstand bezeichnet man die Menge der beim Kochen (100 — 110° C) verbleibenden nicht flüchtigen Bestandteile, als Glüh-Verlust die Menge der organischen Substanz. Glüh-Rückstand ist der Gewichtsunterschied beider.

Tierische und pflanzliche Reste bilden die organischen Beimengungen des Wassers, die aus nicht oxydierten, wohl aber aus oxydierbaren Stoffen bestehen. Ihre Menge wird durch Kochen mit einer genau bekannten Kaliumpermanganatlösung ($KMnO_4$) ermittelt. Gutes Trinkwasser zeigt im allgemeinen weniger als 12 mg/l Kaliumpermanganatverbrauch auf.

Das Vorhandensein von Schwefelsäure (H_2SO_4) ist selten; sie macht das Wasser sauer und aggressiv und somit bei größeren Mengen für menschlichen Genuß unbrauchbar.

Hingegen ist Chlor (Cl) in jedem natürlichen Wasser vorhanden, doch beträgt es meistens weniger als 30 mg/l. Bis 90 mg/l wird der Chlorgehalt geschmacklich nicht empfunden, bei mehr als 360 mg/l jedoch liegt eindeutiges Salzwasser vor. 100 mg/l Chlor und darüber weisen in Schleswig-Holstein auf Verunreinigungen hin, deren Ursache geprüft werden muß. Ist sie auf Auslaugung anorganischer Gesteine (Salzlagerstätten) oder auf Vermischung mit Solen oder Meereswasser zurückzuführen, so ist die Chlorbeimengung hygienisch so lange unbedenklich, als sie den Geschmack des Wassers nicht beeinträchtigt. Hat sie jedoch organischen Ursprung, so weist das darauf hin, daß das Wasser vor Verschmutzungen nicht geschützt ist. Der größte Teil des Chlorgehaltes unserer Grundwässer ist an Natrium zu Kochsalz (NaCl) gebunden. Man errechnet diesen Wert durch Vervielfachung des Chlorgehaltes mit der für Natrium geltenden Indexzahl 1.6486. Salzwässer mit mehr als 15 g Kochsalz im Liter bezeichnet man als Solen.

Als Hinweis auf Verunreinigungen des Wassers durch menschliche oder tierische Abfallstoffe gilt salpetrige Säure (HNO_2), obwohl sie selbst nicht gesundheitsschädlich ist. Ähnliches gilt von der Salpetersäure (HNO_3), die bei Vorhandensein von mehr als 30 mg/l auf organische Reste des Bodens, aus dem das Wasser stammt, hinweist. Sie befähigt Wasser, das giftig wirkende Blei zu lösen.

Ebenfalls deutet größerer Ammoniakgehalt (NH_3) im Wasser auf humusreichen Boden oder Fäkalstoffe hin. Inwieweit das Wasser dann hygienisch zu beanstanden ist, bedarf genauerer Prüfung.

Unbedenklich ist für den Genuß von Wasser sein Gehalt an Eisen (Fe). Es kommt meist als doppelkohlensaures Eisenoxydul (Ferrobikarbonat) gelöst vor, das sich bei größerem Anteil als 0,2 mg/l bei Luftzutritt leicht unter Abspaltung von Kohlensäure in das im Wasser nicht lösliche Eisenhydroxyd verwandelt. Solches Wasser mit seinen gelb-bräunlichen Flocken ist dann nicht nur unappetitlich, sondern es schmeckt tintenartig, erzeugt auf der Wäsche Rostflecke und ist für verschiedene Industriegewerbe wie Bleichereien, Färbereien, Wäschereien, Gerbereien, Papierfabriken sowie zur Leim- und Stärkeherstellung unbrauchbar. Zur Wasserversorgung muß es möglichst am Orte seiner Gewinnung enteisenet werden.

Eisenhaltiges Wasser enthält häufig auch M a n g a n (Mn). Es ist wie das Eisen nicht gesundheitsschädlich, aber in technischer Hinsicht bei einem höheren Gehalt als 0,1 mg l ebenso störend.

K a l k (CaO) und M a g n e s i a (MgO) bilden die H ä r t e des Wassers, die in Graden ausgedrückt wird (1 deutscher Härtegrad = 10 mg/l CaO = 1 D.G.). Die Kalksalze im Wasser überwiegen bei weitem die Magnesiasalze. Der Gehalt beider ergibt die G e s a m t - H ä r t e, während als vorübergehende Härte, Kohlensäure- oder K a r b o n a t - H ä r t e, der Anteil bezeichnet wird, der sich beim Kochen größtenteils ausscheidet. Der dabei nicht verschwindende Teil heißt bleibende, permanente oder R e s t - H ä r t e. Wässer bis zu 8 D.G. nennt man w e i c h, 8—12 D.G. m i t t e l h a r t, 12 bis 30 D.G. h a r t und solche von mehr als 30 D.G. s e h r h a r t. Weiches Wasser ist für Wirtschaftszwecke wie Kochen, Waschen, Baden und die Dampfkesselheizung geeigneter als hartes, weil letzteres Kesselstein absetzt und den Kohlen- wie auch Seifenverbrauch*) erhöht. Brauereien, Tuchfabriken und Zuckerraffinerien bedürfen weichen Wassers, dessen Härte möglichst geringer als 6 D.G. betragen soll.

Um zu beurteilen, ob ein Wasser aggressiv ist oder nicht, ist die Bestimmung des W a s s e r s t o f f e x p o n e n t e n (pH) und der R e a k t i o n (Lackmus-Prüfung) wichtig. Ergibt sich pH = 7, so liegt neutrales Wasser vor, während geringere Werte saure, höhere Werte alkalische Reaktion anzeigen. Die meisten Grundwässer Schleswig-Holsteins haben pH-Werte 7—8. Bei weichen Wässern, die organische Säuren enthalten, sinkt der pH-Wert bis auf 5 oder geringer. Harte Wässer weisen unter besonderen Umständen pH-Werte bis weit über 8 auf.

*) 10 g CaO vernichten durch Bildung unlöslicher Kalkseifen 166 g Seife.

Manche Wässer enthalten Schwefelwasserstoff (H_2S), der dem Wasser sehr unangenehmen, stinkigen Geruch verleiht, so daß es für den Genuß ungeeignet ist. Er beruht auf Fäulnisvorgängen organischer Stoffe, wodurch sich sein Vorhandensein besonders in Grundwässern des Marschengebietes und in der Nachbarschaft zwischeneiszeitlicher organogener Sedimente erklärt.

Zur Beurteilung der Frage, ob ein Wasser aggressiv ist, d. h. Eisen und andere Metalle, kohlensauren Kalk oder Beton angreift oder nicht, ist die Feststellung freier Kohlensäure (CO_2) vor allem bei Bauvorhaben sehr wichtig. Man versteht darunter den Überschuß derjenigen Kohlensäure, die nicht fest an Kalk oder Magnesia oder deren doppelkohlensaure Salze (Bikarbonate) gebunden, sondern im Wasser als Gas oder in Form ihres Hydrates (H_2CO_3) gelöst enthalten ist. Ist sie in großer Menge vorhanden, so verleiht sie dem Wasser einen angenehmen erfrischenden Geschmack.

Schließlich ist für die Beurteilung eines Wassers auch sein Gehalt an Sauerstoff (O_2) von Wert, weil seine Bestimmung darüber Auskunft gibt, ob aggressives Wasser auch Blei zu lösen oder andere Störungen zu verursachen vermag. Manche Grundwässer unseres Landes enthalten Stickstoff (N_2) oder auch Methan (CH_4), die beide auf organisch entstandene Bodenarten des Untergrundes hindeuten. Auch Kieselsäure (SiO_2) ist in den meisten Wässern gelöst vorhanden; sie macht bei größerem Anteil das Wasser hart.

In ihrem chemischen Verhalten sind die Grundwässer Schleswig-Holsteins außerordentlich unterschiedlich. Ihre Eigenarten wechseln nicht nur nach ihrer Tiefenlage, sondern auch innerhalb des gleichen Grundwasserhorizontes. Das Muster eines guten Wasserbefundes zeigt das mitgeteilte Analysenergebnis. In Tabelle 4 sind Mittelwerte der chemischen Beteiligung einiger Stoffe gebietsmäßig und nach dem geologischen Alter des Wasserspeichers aufgeführt, woraus zu ersehen ist, daß Tiefbrunnen, vor allem in Schichten des Tertiärs, das beste Wasser zu liefern vermögen.

Bohrarchiv Schleswig-Holstein
Landesanstalt für Angewandte Geologie
Kiel — Neue Universität

Meßtischblatt 1623 Nr. 129
Archiv-Nr. XYZ

Analysenergebnis

Name der Bohrung: O — Dorf Kreis: Rendsburg
Lage: r 3542 17, h 6024 36, Koppel des Bauern Th. Johannsen
Aussehen klar, farblos Datum: 23. 7. 1946

Geruch	ohne		
Geschmack	gut		
Bodensatz	etwas Staubsand		
Abdampf-Rückstand		mgl	82,4
Glüh-Rückstand		„	9,7
Oxydierbarkeit	$KMnO_4$	„	10,2
Schwefelsäure	SO_4	„	negativ
Chlor	Cl	„	38,7
Salpetrige Säure	HNO_2	„	negativ
Salpetersäure	HNO_3	„	Spuren
Ammoniak	NH_3	„	negativ
Eisen	Fe	„	0,18
Mangan	Mn	„	Spuren
Kalzium	Ca	„	—
Gesamt-Härte	Deutsche Grade		7,8
Karbonat-Härte	„ „		11,3
Rest-Härte	„ „		3,5
Alkalität	ccm n/10 HCl/Lt		28,0
Ph.			6,5
Lackmus-Reaktion			neutral
Temperatur bei Entnahme			+8,7°C
freie (aggressive) Kohlensäure	CO_2		negativ
Kieselsäure	SiO_2		0,23

Bakteriologische Prüfung: 12 Keime je ccm, kein Bacterium coli

Bemerkungen: Tiefbrunnen für eigene Wasserversorgungs-Anlage. Vgl. Schichtenverzeichnis A.-Nr. 2743/129. Das Wasser ist nicht zu beanstanden, deshalb als Trink- und Gebrauchswasser verwendbar.

Bakteriologische Beschaffenheit

Für die Beurteilung eines Wassers zu menschlichem Genuß ist die bakteriologische Untersuchung unentbehrlich. Sie zeigt die Anzahl der im Wasser enthaltenen Keime je ccm auf, wodurch bei höherer Keimzahl als 30 im Zusammenhang mit der chemischen Analyse auf besondere Verunreinigung geschlossen werden kann. Es kommt jedoch weniger auf die Keimzahl als auf die Art der Keime an. Bei Wasserversorgungsanlagen ist häufigere Überprüfung ratsam, denn bei plötzlichem Ansteigen der Keimzahl ist dies ein Beweis, daß das Wasser verschlechternden Einwirkungen unterliegt. Dabei ist vor allem auf Bacterium coli zu achten, weil diese an sich zwar unschädliche Art immerhin auf Verunreinigung des Wassers durch Fäkalien und bei höherer Keimzahl auf die mögliche Anwesenheit von Krankheitserregern hindeutet. Für technisch zu verwendendes Wasser sind besondere Untersuchungen auf Fett-zersetzende, Eiweiß-lösende oder Säure-bildende Keime durchführen zu lassen.

Oberflächenwasser besitzt fast immer eine hohe Keimzahl. Auch das luftbedeckte Grundwasser hat infolge der Einwirkungen des Kulturbodens, Anhäufung von Abfallstoffen und Abwässerimmissionen vielfach so hohe Keimanteile, daß seine Nutzung gesundheitspolizeilich und hygienisch zu beanstanden ist. Die Druckwässer sind dagegen im allgemeinen nahezu keimfrei. Anfänglicher, durch den Bohrprozeß verursachter höherer Keimgehalt verliert sich nach einiger Zeit durch kräftiges Abpumpen.

Chemische Auswertungskarten

Die große Zahl der in Schleswig-Holstein durchgeführten Analysen erlaubt die kartenmäßige Aufzeichnung der chemischen Eigenarten unserer Grundwässer. Anhand der beigegebenen Übersichtskarten (Karten 4 — 10), die man jeweils am besten mit den Übersichtskarten der geologischen Ablagerungen (Karte 1) und der Quartärmächtigkeiten (Karte 2) vergleicht, sei die Verteilung der Härte, des Eisengehaltes und

Tabelle 4

Mittelwerte der chemischen Zusammensetzung schleswig-holsteinischer Grundwässer. (Angaben in mg/l)

Gebiet		Gesamt-Härte	Bleibende Härte	Organische Substanz	Salpetersäure	Ammoniak	Chlor	Eisen
Marsch (Alluvium + Diluvium)		20,96	8,61	188,70	49,16	8,95	746,80	4,30
Sander- und Talsande		14,16	3,37	135,70	38,24	0,76	46,20	3,40
Jungglazial	Flachbrunnen	15,80	5,10	68,40	45,65	0,94	74,11	2,20
	Tiefbrunnen	12,09	5,00	86,40	38,34	0,35	97,93	2,08
Altglazial	Flachbrunnen	15,83	5,11	88,31	45,60	1,35	79,39	2,21
	Tiefbrunnen	11,61	1,91	25,00	0	0,95	23,20	2,78
Jungtertiär (Tiefbrunnen)		9,90	0	5,80	0	0	26,60	0,20

der Chlorbeimengungen getrennt nach Oberwasser und höherem Druckwasser besprochen. Dadurch erklären sich manche unmittelbaren Beziehungen der chemischen Beschaffenheit zu den Bodenarten, dem geologischen Aufbau unseres Landes und den Meeren.

Härte

Hinsichtlich der Härte unserer Grundwässer sind alle Abstufungen vertreten, jedoch hat die Mehrzahl der Wässer im Diluvium mittelhartes Wasser von 12 — 30 D. G. Das Oberwasser (Karte 4) besonders ist weich (< 8 D. G.) in den Sandgebieten des Mittelrückens und auf den entkalkten Höhenzügen der Alten Geest. Auch in den Dünenbereichen Nord-Sylts und des westlichen Eiderstedts findet sich weiches Wasser. Mittelhart bis hart ist das Oberwasser im übrigen Teil des Landes, insbesondere innerhalb der von Natur aus noch kalkhaltigen Bodenarten des Jungdiluviums und der alluvialen Marschen. Sehr hart (> 30 D. G.) ist das luftbedeckte Grundwasser innerhalb kalkreicher Bodenarten der Nordseeinseln, einiger Teile der Marsch sowie des Jungdiluviums. Das höhere Druckwasser (Karte 5) zeigt grundsätzlich dem Oberwasser ähnliches Verhalten hinsichtlich seiner Härte. Die tief entkalkten Böden des Mittelrückens führen weiches bis mittelhartes Wasser, während der jungeiszeitliche Osten des Landes und der Untergrund der Marsch hartes bis sehr hartes Rohwasser enthalten. Die tiefen Bodenschichten haben ihren Kalkgehalt, der sich dem Wasser überträgt, noch nicht verloren. Im Gegensatz zum Oberwasser ist das höhere Druckwasser auf den Geestinseln der Nordsee weicher, während auf der Insel Fehmarn der Kalkgehalt mit der Tiefe stark zunimmt.

Die Abhängigkeit der Härte unserer Grundwässer vom geologischen Aufbau des Landes geht somit aus den Karten eindeutig hervor.

Eisen

Beim Eisengehalt unserer Grundwässer ist die unmittelbare Abhängigkeit vom zonalen und unterirdischen Bau unseres Landes nicht derart deutlich wie bei der Härte. Das Oberwasser (Karte 6) ist nur an einzelnen Stellen so eisenarm (< 0,2 mg/l), daß sich künstliche Enteisenung durch besondere Anlagen zumeist erübrigt. Überwiegend zeigt das luftbedeckte Grundwasser Eisengehalte zwischen 0,2 bis 1,5 mg/l auf. Unregelmäßig über Schleswig-Holstein verteilte größere Flächen führen sehr stark eisenhaltiges Grundwasser von mehr als 1,5 mg/l, wobei stellenweise bis zu 22 mg/l angetroffen werden. Im höheren Druckwasser (Karte 7) treten häufiger als beim Oberwasser eisenarme Gebiete auf. Es sind das die Stellen, bei denen im Untergrund äußerst reine Sande angetroffen wurden. Eisenreiche Grundwässer sind allgemein vorhanden, so daß auch Eisengehalte von mehr als 1,5 mg/l im Druckwasser flächenmäßig großen Anteil in unserem Lande haben. Die Erschließung des höheren Druckwassers macht somit in der Regel die künstliche Enteisenung erforderlich. Hingegen ist das aus tertiären Schichten erschlossene Grundwasser, soweit es dem tieferen Druckwasserstockwerk angehört, oft so eisenarm, daß sich die Aufbereitung als unnötig erweist.

Chlor

Eindeutiges Verhalten gegenüber den Einflüssen durch die Nord- und Ostsee wie auch durch den tieferen Untergrundsaufbau zeigt sich bei dem Chloridanteil der Grundwässer. Im Oberwasser (Karte 8), das im Binnenlande zumeist weniger als 90 mg/l, stellenweise sogar weniger als 10 mg/l Chlorgehalt besitzt, zeigen sich jedoch die unmittelbaren Einwirkungen des Nordseewassers schon bei Flachbrunnen des Marschen- und Inselgebietes. Deshalb sind dort wie auch auf Fehmarn und an anderen Stellen der Ostseeküste im Oberwasser Chlorgehalte von 180 bis 360 mg/l und weit darüberhinaus häufiger. Noch deutlicher wird die Abhängigkeit vom

Bodenaufbau und den Meeren beim höheren Druckwasser (Karte 9). Nahezu der gesamte Untergrund der Marsch und Nordseeinseln ist von eingedrungenem Salzwasser der Nordsee durchsetzt, auf dem infolge des spezifischen Gewichtsunterschiedes nur in einigen wenigen Gebieten lokaler Infiltrationsmöglichkeit des Regenwassers, wie auf Sylt und Föhr ausgedehntere oder nur geringfügige Kalotten süßen Grundwassers schwimmen. An der Ostküste und auf Fehmarn macht sich die Einwirkung des Ostseesalzwassers auf das höhere Druckwasser ebenfalls stark geltend. Insbesondere jedoch sind Versalzungserscheinungen im Gegensatz zum Oberwasser bei dem höheren Druckwasser selbst im Binnenlande häufig. Dabei werden Chlorgehalte bis nahezu 9000 mg/l (Westensee) erreicht. Derart ausgesprochene Salzwässer beruhen auf unterirdischen Wanderungen der von den Salzstrukturen (Salinarkörpern) ausgehenden Solwässer, die sich mit dem Grundwasser durch chemische Austauschvorgänge vermischen.

In Karte 10 sind die der Oberfläche nahe gelegenen versalzenen Grundwassergebiete in ihrer Lage zu den Salinarstrukturen dargestellt. Außerdem wurde darin die Beeinflussung unserer Grundwässer durch Nord- und Ostsee auf die verschiedenartigen Bildungen des Untergrundes zum Ausdruck gebracht. Diese Versalzungszonen sind labil, also im Untergrund beweglich. Dadurch erklärt es sich, daß vor allem bei starker Grundwasserentnahme immer von neuem Versalzungsgebiete hinzukommen, wodurch sich das Bild zu der Feststellung abrundet, daß letztenendes in ganz Schleswig-Holstein das Grundwasser eine auf Salzwasser des Untergrundes und seiner Meeresbegrenzung schwimmende „Süßwasserkalotte" ist. Denn der tiefere Untergrund, älter als Mittelmiozän, birgt ja nur Salzwasser.

Tieferes Druckwasserstockwerk

Im Gegensatz zu den Oberwässern und den Grundwässern des höheren Druckwasserstockwerkes sind bei den Grundwässern des tieferen Druckwasserstockwerkes, insbesondere aus pliozänen und mittelmiozänen Schichten, die chemischen Beimengungen geringer. Ihr Wasser ist durchweg weicher und eisenärmer. Sie besitzen jedoch in der Nachbarschaft der Salinarstrukturen und im Nordseeküstengebiet höhere Chlorgehalte als die übrigen Grundwässer. Trotzdem stellen die Grundwässer des tieferen Druckwasserstockwerkes innerhalb der jungtertiären Schichten das B e s t e r r e i c h b a r e unseres gesamten Grundwasservorrats dar.

Einzug, Verbleib und Begrenzung des Grundwassers

Wie auf den Inseln die in den Boden einsickernden Niederschläge sich zu örtlich infiltriertem Süßwasser in Kalottenform ansammeln und dort somit den einzigen nutzbaren Grundwasservorrat bilden, so bezieht auch das Land Schleswig-Holstein Grundwasser nur unmittelbar aus den Gesamtniederschlägen, die vom Boden aufgenommen werden und in die Tiefe versickern. Die im Volksmund verbreitete Ansicht, daß unser Grundwasser von weither außerhalb des Landes stamme und gar möglicherweise unter dem Untergrund der Meere von Schweden oder England zu uns dringe, ist irrig. Gewiß, in den Südosten gelangt wohl etwas Grundwasser aus dem mecklenburgischen Raum und im Norden strömt von Dänemark her eine geringe Wassermenge zu uns, aber die eigentlichen und maßgeblichen Wasser-Einzugsgebiete Schleswig-Holsteins sind nur die zutage liegenden Sandschichten oder klüftigen, sonst wasserundurchlässigen Bodenarten, von denen aus die sich zu Grundwasser verdichtenden Niederschläge in den Untergrund abwandern und in träge Fließbewegung geraten. Insbesondere zeigt eine Karte der Linien gleichen Wasserdruckes des höheren Druckwasserstockwerkes (Karte 11), daß die Gebiete des höchsten Wasserstandes als Einzugsbereiche auch nahezu mit den jeweiligen morphologisch ausgeprägten Höhengebieten zusammenfallen. Die Gleichen des höheren Druckwasserstockwerkes haben daher Lagen von oberhalb + 80 m NN (Umgebung des Bungsberges), bis — 15 m NN im Ostseebereiche oder sogar unterhalb — 30 m NN im Nordseeküstengebiet, wobei sie sich mit verschieden starkem Druckgefälle verflachen. Dabei ist die ± 0-Druckwassergleiche für den Vorrat an Grundwasser bezeichnend. Denn überall dort, wo sie bis weit in das Innere Schleswig-Holsteins von der See her vordringt, hält sich das binnenländische Druckwasser mit dem vom Meerwasser herwirkenden Gegendruck im Untergrund die Waage. Das ist in beträchtlichem Maße in der Marsch, der Eiderniederung, dem Elbeschlauch und an den Förden der Fall. Unterwärts bis etwa zur ± 0-Gleiche also unterliegt das Grundwasser des höheren Druckwasserstockwerkes mittelbar dynamischen und teilweise auch noch chemischen Einwirkungen von See her. Druckgleichen von ± 0 bis mehr als — 30 m NN zeigen an, daß in ihrem Bereich, z. B. im Halligen-Gebiet, der Eidermündung, dem Elbetrichter, in der Lübecker, Kieler und Eckernförder Bucht das Grundwasser tiefer unter das Meer abwandert. Im Nordseebereich beschleunigt die Sogwirkung der Ebbe diesen Vorgang bei höher gelegenen Wässern beträchtlich. Während der Flut macht sich ein Rücklauf der Grundwasserbewegung fühlbar. Wenn, wie an den Kliffs der Ostseeküste oder an Hängen und in Tälern des Binnenlandes, die Druckwassergleichen höher als Meeresspiegel oder Talsohle liegen, tritt Grundwasser im Ausbiß wasserspeichernder Sande oder auf Klüften als Quellen zutage. Die Gebiete unaufhaltsamer Entführung unseres Grundwassers in die Nord- und Ostsee werden von der Karte somit eindeutig aufgezeigt. Vereinzelt sind Beobachtungen über die Beziehungen des Grundwassers zu den Meeren und Messungen über die verursachten Spiegeländerungen in der Umgebung von Lübeck, an der Elbemündung und im Eidergebiet genauer durchgeführt worden. Die Zukunft erfordert noch viel eingehende Ermittlungen im ganzen Lande.

Da der Entstehungsgeschichte und dem geologischen Aufbau nach die Bodenschichten des tieferen Untergrundes in Schleswig-Holstein, älter als Mittelmiozän, von Salzwässern durchdrungen sind, und das in den Boden infiltrierte brauchbare Grundwasser durch spezifischen Gewichtsunterschied über dem Salzwasser gelagert ist, teilweise aber auch von Salzstrukturen abwandernde Solwässer sich mit dem süßen Grundwasser durch chemische Austauschvorgänge vermischen, ist der Vorrat an nutzbarem Grundwasser geringer als früher allgemein angenommen werden konnte. In Karte 12 ist seine untere Grenze zum Ausdruck gebracht. Danach ergibt sich, daß in Schleswig-Holstein eine nennenswerte Grundwassernutzung tiefer als —20 m NN in vielen Landesteilen überhaupt nicht möglich ist. Im übrigen aber ist die untere Begrenzung unseres Grundwassers zumeist bei etwa —100 m NN gelegen. Nur im zentralen Nordteil und vereinzelt im Süden reicht sie bis etwa —200 m NN. Letztere sind Grundwasser-Überschußgebiete, die den Mangelgebieten gegenüberstehen.

Diese Gegebenheiten besagen, daß nahezu alles in Schleswig-Holstein aufgespeicherte Grundwasser einzig und allein den in unseren Boden eindringenden Niederschlägen zu verdanken ist. Für die Wasserwirtschaft sind hieraus die entsprechenden Folgerungen zu ziehen, damit der Grundwasserverbrauch eines Tages nicht den Grundwassernachfluß übertrifft und somit die Versalzung des Untergrundwassers sich ins Unerträgliche steigert. (Näheres bei Heck 1948).

Nutzanwendung zur Ausbeute des Wasserschatzes

Der Grundwasservorrat Schleswig-Holsteins ist also durch verschiedene Umstände geologischer und geographischer Art beschränkt. Vergegenwärtigt man sich, daß innerhalb der für die Wassernutzung zur Verfügung stehenden gesamten Schichtenfolge nur in einzelnen Gebieten im Höchstfalle bis —200 m NN alle eingelagerten undurchlässigen Bodenarten wie Lehme, Mergel, Tone und Schlicke sowie organische Sedimente diesen Grundwasser-führenden Raum um mindestens die Hälfte einschränken, dann wird die Notwendigkeit der Bewirtschaftung des Wasserhaushaltes für unser Land umso mehr offensichtlich, als sich die Grundwassermangelgebiete durch zunehmende Versalzung immer mehr zu vergrößern scheinen. Entnahmelenkung für Industriebetriebe, öffentliche Wasserversorgungen und einzelnen Hausbedarf, Rückführung überschüssigen Wassers in den Boden und Schutz der Gewinnungsanlagen und Quellen werden zum Erfordernis der Zukunft.

Bedarf und Anforderungen

Je wohlhabender eine Bevölkerung ist und je vollkommener die Einrichtungen zur Benutzung des Wassers sind, desto größer ist der Wasserbedarf. Zahl und Art der landwirtschaftlichen und gewerblichen Betriebe sowie Anlagen für öffentliche Zwecke erhöhen den Wasserbedarf einer Ortschaft weit mehr als Ansiedlungen, in denen solche fehlen. Der Wasserverbrauch einzelner Fabriken ist oftmals so hoch, daß sie aus wirtschaftlichen Gründen eigene Anlagen zur Wasserbeschaffung errichten und betreiben, ebenso wie Siedlungen eigener Brunnen bedürfen, wenn sie von zentralen Wasserversorgungsanlagen zu entfernt gelegen sind. Tabelle 5 gibt eine Aufstellung des Wasserbedarfes für verschiedene Zwecke, die auf Erfahrungen von Wasserfachmännern beruhen. Diese Angaben können den Berechnungen zugrunde gelegt werden, sofern für die einzelnen Zwecke keine besonderen Absprachen erfolgen.

Tabelle 5

Wasserbedarf

1. Für häusliche Zwecke:

Zum Trinken, Kochen und Reinigen für den Tag und Kopf	20— 30 l
Zur Wäsche für den Tag und Kopf	10— 15 l
Für eine einmalige Klosettspülung	5— 10 l
Für ein Wannenbad	300—500 l
Für ein Sitzbad	30— 50 l
Für ein Brausebad	20— 30 l
Zur Gartenbesprengung an trockenen Tagen für 1 m² täglich	2— 3 l

Für ein Pferd oder ein Stück Großvieh täglich . . .	50 l
Für ein Stück Kleinvieh (Kalb, Ziege, Schaf, Schwein)	15 l
Für einmalige Reinigung eines Wagens	200—300 l

2. Für öffentliche Zwecke:

In Schulen für jeden Schüler und Tag	2 l
In Krankenhäusern für 1 Bett und Tag	250—300 l
In Lägern für jeden Mann und Tag	30 l
In Schlachthäusern für jede Schlachtung	200—400 l
In Markthallen für jeden Markttag und 1 m² Fläche .	5 l
Auf Bahnhöfen zum Speisen einer Lokomotive . .	6— 8 m³
Zur Straßenbesprengung für 1 m² Fläche	2 l

3. Für gewerbliche Zwecke:

Bei Dampfmaschinen ohne Kondensation für die PS-Stunde	15— 30 l
Bei Dampfmaschinen mit Kondensation für die PS-Stunde	300—500 l
In Wäschereien für je 100 kg Wäsche	1— 2 m³
In Brauereien für 1 l gebrautes Bier	5— 8 l
Bei Gasmotoren für die PS-Stunde zur Kühlung . .	25— 40 l
Bei Dieselmotoren für die PS-Stunde zur Kühlung . .	20— 30 l
Bei Generator-Gasmotoren für die PS-Stunde zur Kühlung	10— 20 l
In Gerbereien für eine große Haut	1— 2 m³
In Gerbereien für eine kleine Haut	0,5— 1 m³
In Molkereien für 1 l behandelte Milch	3— 6 l
In Papierfabriken für 1 kg hergestelltes Papier . .	400—800 l
In Zuckerfabriken für je 1000 Zentner verarbeiteter Rüben	500—800 m³

4. Für Bau- und Löschzwecke

Bei Bauarbeiten zum Vermauern von 1000 Ziegelsteinen	750—850 l
Für 1 cbm Beton je nach dem Mischungsverhältnis .	120—150 l
Für eine Feuerlöschspritze je Stunde Löschtätigkeit mindestens	60 m³

Die an Trink- und Brauchwässer gestellten grundsätzlichen Anforderungen sind in Tabelle 6 angeführt. Sie sind also für die jeweiligen Verwendungszwecke, die vor Schaffung einer Wassergewinnungsanlage bekannt sein müssen, unterschiedlich.

Tabelle 6
Anforderungen an Trink- und Brauchwasser

Verwendungszweck	Aussehen	a) Geruch b) Geschm	Organ. Subst. mg/l	Härte D. G.	Eisen und Mangan mg/l	Chlor mg/l	Säuren mg/l	Ammoniak mg/l	freie Kohlensäure	Temperatur + °C	Reaktion	Bemerkungen
Trinkwasser	klar u. farblos	a) ohne b) gut	< 12	< 30	< 0,1	< 180	wenig	wenig	mit	7–12	neutral	muß frei von Krankheitserregern und Schwefelwasserstoff sein
Brauchwasser Bauindustrie			ohne	< 18	wenig	wenig	ohne		keine		neutral bis alkalisch	Sulfate dürfen 0,2 mg/l nicht überschreiten
Brauereien	klar u. farblos	a) ohne b) gut	< 12	weich oder hart	< 0,1	wenig	ohne	ohne		< 10	neutral bis sauer	weiches Wasser f. helle Biere (Pilsener Art). hartes Wasser f. dunkle Biere (Münchener Art)
Spiritusbrennereien u. Likörfabriken	klar u. farblos	a) ohne b) gut	ohne	weich	wenig	ohne	ohne	ohne		7–12		reinstes Wasser erforderlich
Leim- und Stärkefabriken	klar u. farblos	ohne	ohne	< 12	ohne	wenig	ohne	wenig			neutral	an Keimen und festen Stoffen freies Wasser Bedingung
Zuckerfabriken	klar	ohne	ohne	weich	ohne	ohne	ohne	ohne				keimfreies, salzarmes Wasser ist Erfordernis

Bäckereien	klar u. farblos	ohne	< 12	weich	ohne	ohne	ohne	wenig			neutral	Wasser muß bakteriologisch völlig einwandfrei und ohne Nitratgehalt sein
Konservenfabriken	klar	ohne	< 12	weich	ohne	ohne	ohne	ohne		7—12		
Meiereien	klar u. farblos	a) ohne b) gut	ohne	weich bis mittelhart	ohne	wenig	ohne	ohne	keine	< 7	neutral	Gasarmut ist zu fordern
Gerbereien u. Lederfabriken			ohne	weich	ohne	< 180						keimfreies Wasser; Sulfate sind günstig
Textilbetriebe, Färbereien u. Bleichereien	klar u. farblos			weich	ohne	wenig	ohne	ohne				Anforderungen sind unterschiedlich
Wäschereien	klar	ohne	ohne	weich	ohne	mit	ohne				neutral	völlige Abwesenheit von Eisen u. Mangan erwünscht; Wasser so weich als möglich und gasfrei
Papierfabriken	klar u. farblos		ohne	weich	ohne	ohne	ohne					reinstes Wasser für weißes Papier
Glas- und Tonwarenindustrie	klar		< 12	weich	ohne	ohne	ohne	ohne	ohne		neutral	Sulfate und Chloride sind sehr störend
Kesselspeisewasser			ohne	< 6	$< 0,1$	wenig	ohne		keine		alkalisch	darf möglichst keine Kieselsäure enthalten; Abdampfrückstand < 300 mg/l

Ergiebigkeit der Grundwasserspeicher

Die Ergiebigkeit eines Brunnens hängt von verschiedenen Umständen ab. Wasservorrat, Körnung und Porenvolumen der speichernden Bodenart, Nachflußgeschwindigkeit, Reibungsverlust, Filterlänge und -durchmesser sind die hauptsächlichsten der dafür bestimmenden Faktoren. Die mutmaßlich zu erwartende Wassermenge läßt sich berechnen, jedoch gibt nur ein länger anhaltender Pumpversuch genaueren Aufschluß über die wahre Ergiebigkeit des Wasserspeichers und konstante Leistung eines Brunnens ohne Überbeanspruchung. In Karte 13 ist diese konstante Ergiebigkeit unserer drei Grundwasserstockwerke nach Leistung je Brunnen dargestellt worden.*) Man kann daraus für jeden Ort Schleswig-Holsteins ablesen

1. mit welchem Grundwasser*vorrat* zu rechnen ist,
2. welches Grundwasser*stockwerk* für die Erschließung der gewünschten Wassermenge am meisten Gewähr bietet.

Die anderen Karten geben bis zu gewissem Grade Auskunft über Besonderheiten des Bodens, die mutmaßliche Eigenart und auch über die Richtung des Wasserzuflusses.

Die Ergiebigkeit ist innerhalb der drei Grundwasserstockwerke demnach recht unterschiedlich. Man wird feststellen, daß vor allem im tieferen Druckwasserstockwerk die größeren Ergiebigkeiten in der Nähe der Städte mit großem Wasserbedarf zu liegen scheinen. Natürlich hat man dort entsprechend leistungsfähigere Brunnen angelegt, die mit ihrem weiteren Enddurchmesser gegenüber den Brunnen kleinerer Ortschaften und Landgemeinden größere Wasserentnahmen ermöglichen. Auf dem Lande fehlt es ja zumeist an Industrie oder umfangreichen Wasserentnahmeanlagen, so daß von den Landgemeinden Maximalkapazitäten der Grundwasserspeicher nicht genügend bekannt sind.

---

*) Irrtümer in der Lesung der Ergiebigkeitskarte werden ausgeschaltet, wenn man sie in etwa Augenhöhe waagerecht von der Seite her in Richtung der jeweiligen Reißung mit nur einem Auge betrachtet.

Innerhalb des Oberwassers sind Wasserentnahmen von mehr als 100 cbm/h Seltenheiten. Dieses Grundwasserstockwerk wird fast ausschließlich für die Einzelversorgung bevorzugt, weil die vielfachen hygienischen Beanstandungen dieses Wassers gegen seine Verwendung zu öffentlichen Zwecken sprechen.

Im höheren Druckwasserstockwerk hingegen finden große Entnahmen aus einzelnen Brunnen häufiger statt, wobei bis zu 150 cbm/h bei Tiefbrunnen erzielt werden. Es ist das Grundwasserstockwerk, das durch kleinere Industrieanlagen und Wasserwerke ausgenutzt wird, die nicht auf besonders gute Qualität des Wassers angewiesen sind und größere Härtegrade in Kauf nehmen können.

Das tiefere Druckwasserstockwerk, insbesondere aus pliozänen und miozänen Grundwasserspeichern, schien bis vor einigen Jahrzehnten nur den gewerblichen Großbetrieben vorbehalten zu sein. In neuerer Zeit jedoch sind auch die Wasserwerke und kleineren Betriebe zur weitgehenden Ausnutzung des tieferen Druckwassers in der richtigen Erkenntnis übergegangen, daß dieses Wasser gegenüber den höheren Wässern nicht unerhebliche Vorteile hat. Sie bestehen in einer gleichmäßigen Temperatur des Wassers, allgemein größerer Ergiebigkeit bis über 200 cbm/h, geringeren Gehalten an Härte und Eisen, sowie auch den zumeist höheren Druckspiegeln. Künftig wird der Wasserreichtum dieses Grundwasserstockwerkes, wo es irgend möglich ist, mehr als bisher zur Nutzung kommen, um die in höheren Wässern vielfachen gegenseitigen Beeinträchtigungen zwischen benachbart gelegenen Brunnen zu vermeiden.

Wassergewinnung

Die hydrogeologischen Verhältnisse Schleswig-Holsteins haben in den Landesteilen verschiedenartige Wasserversorgungen zur Folge. So muß sich die Bevölkerung der Halligen fast ausschließlich mit Fethingen und die der Seemarschen vielfach mit der Aufspeicherung von Regenwasser in Zisternen behelfen.

In Niederungen ist für manche Ortschaften die Filtration von Flußwasser wirtschaftlicher als der Betrieb von Tiefbrunnen. Viele Gemeinden und Einzelgehöfte nützen in den Endmoränen natürliche Quellen aus, wobei Widderanlagen zur Hilfe genommen werden. Überwiegend jedoch sind auf dem flachen Lande Schachtbrunnen (Sodbrunnen) im Oberwasser, in Städten hingegen flache und tiefe Bohrbrunnen je nach Größe des Wasserbedarfes und seinem Verwendungszweck üblich.

Quellwasser

Die Quellen unseres Landes werden schon seit Alters her genutzt. Sie sind ja der sichtbare Ausdruck vorhandenen, an die Oberfläche tretenden Grundwassers und als solche für die Wassernutzung stets am einfachsten zugänglich gewesen für Mensch und Getier. Alte Karten zeigen deshalb vielfach das Vorkommen genutzter Quellen an. So sind auch in den alten Karten der erst durch die großen Sturmfluten des Mittelalters zerstörten Wohngebiete des jetzigen Wattenraumes manche Quellen verzeichnet worden. Man gewinnt den Eindruck, daß noch vor wenigen hundert Jahren unser Land viel mehr Quellen aufzuweisen hatte als heute, daß sie inzwischen versiegt und manche ehemaligen Bachläufe ausgetrocknet sind.

Beschaffenheit des Quellwassers und wirtschaftliche Gründe sind für die Wasserversorgung durch Quellen bestimmend. In ihrer Ergiebigkeit nur wenig schwankende Quellen liefern dauernd klares Wasser von gleicher Temperatur. Auch die chemische und bakteriologische Zusammensetzung ändert sich bei ihnen seltener als bei Quellwässern, die in ihrer Schüttung wechseln. In Tälern entspringende Quellen sind wegen ihrer Herkunft aus größeren Grundwasservorratsräumen beständiger als an Berghängen gelegene Schichtquellen, deren Zufluß zu sehr von den Witterungseinflüssen abhängt. In unserem Klima haben solche Quellen im Frühjahr eine größere Wassermenge als im Spätsommer oder Herbst.

Das Quellwasser wird nach hygienisch einwandfreiem Befund durch möglichst einfache Betriebseinrichtungen gefaßt, die fahrlässige oder böswillige Verunreinigungen verhindern. Von den Gewinnungsstellen ist das Quellwasser den Verbrauchsorten zuzuleiten. Dabei bedient man sich in Schleswig-Holsteins hügeligen Gebieten vielfach der sinnreich konstruierten Stoßheberanlagen, sogenannter hydraulischer Widder, die infolge der Ausnutzung des Quellwasserdruckes höher gelegene Verbrauchsstellen regelmäßig zu versorgen vermögen.

Filterung

Wasser der Bäche, Flüsse und Seen wird in Schleswig-Holstein heute nur noch vereinzelt zur Trinkwasserversorgung genutzt. Das hat seinen Grund in der Beschaffenheit dieser Wässer, die infolge ihrer von der Oberfläche zugeleiteten gelösten und ungelösten Stoffe sowie durch die in ihnen lebenden oder vermodernden Pflanzen und Tiere sehr starken Verunreinigungen unterliegen, so daß solches Wasser durch umfangreiche Maßnahmen stets weitgehend gereinigt werden muß. Außerdem ist derartiges Wasser zu sehr den Temperaturschwankungen ausgesetzt, die besonders bei flachen Gewässern im Sommer höher liegen als im Winter. Am günstigsten ist die Verwendung von Oberflächenwasser aus der Tiefe größerer Seen, weil tiefer gelagertes Seewasser selbst in heißen Sommern genügend kalt und immer von größerer Reinheit ist als nahe dem Wasserspiegel entnommenes Wasser. Flußwasser wird meist vom sandigen Ufer aus durch Saugbrunnen, Seenwasser durch Seiher einige Meter über dem Seenboden entnommen und durch langsame Sandfilterung aufbereitet, wobei 0,5—1 mm Korngröße sich auf das Filtrat am günstigsten auswirken. Vorreinigung in besonderen Absatzbecken unter Zusatz von Fällmitteln erhöht die Filtergeschwindigkeit.

Schachtbrunnen

Vor allem in aufgelockerten ländlichen Gebieten, in denen die Einzelwasserversorgung überwiegt, wird das Oberwasser durch offene Brunnen, Schacht-, Kessel- oder Ringbrunnen, auch Sodbrunnen genannt, dem Boden entnommen. Da dieses Wasser luftbedeckt zumeist nur in geringem Abstand von der Oberfläche vorkommt, unterliegt es den klimatischen Einwirkungen ebenso unmittelbar wie den von dort ausgehenden Verunreinigungen. Offene Gewässer, Viehweiden, Tierbauten, Abfallhaufen, Dunggruben und Aborte sind Keimträger, durch die das Oberwasser, bei nur geringer Tiefenlage, leicht verschmutzt und zum Träger epidemischer Krankheiten und Seuchen werden kann. Ackerkrume, Waldboden und Torfschichten verfärben dieses Wasser. In vielen Fällen ist daher das Oberwasser aus hygienischen Gründen zu verwerfen. Neben den an der Außenluft herrschenden Temperaturen wirken sich besonders die trockenen Winde auf das Oberwasser aus. Bei lang anhaltenden Ostwinden versiegen die Sodbrunnen, wenn sie nur in örtlich begrenzten Wasserspeichern stehen, wie das vor allem im Hügelland Schleswig-Holsteins der Fall ist. Mit Ausnahme der als Viehtränken auf Weiden angelegten offenen Brunnen bedürfen daher alle offenen Brunnen regelmäßiger Reinigung und genügenden Schutzes gegen Verschmutzung.

Bohrbrunnen

Verunreinigungen von außen her unterliegen gebohrte Brunnen höchstens mittelbar, nämlich nur, wenn sie das Oberwasser in der Nähe von Stätten erschließen, von denen aus gelöste oder schwebende Stoffe in das Wasser des Brunnens gelangen. Bohrbrunnen in tiefen Grundwasserspeichern hingegen werden von solchen Verunreinigungen der Oberfläche überhaupt nicht betroffen. Anfängliche, meist durch den Bohrprozeß hervorgerufene Verschmutzung schwindet nach einem längeren Dauerpumpversuch alsbald. Je umfangreicher undurchlässige Bodenarten den zur Ausnutzung vorgesehenen Grundwasserhorizont überlagern, desto mehr sinkt die Gefahr der Verunreinigung. Deshalb ist Tiefbrunnen immer der Vorrang gegenüber Flachbrunnen zu geben, deshalb sollte auch j e d e Brunnenbohrung mit so weitem Anfangsdurchmesser begonnen werden, daß sie bei ungeeignetem Wasserbefund in höheren Schichten das Aufsuchen eines tieferen Wasserhorizontes durch Fortsetzen der Bohrung und den Einbau einer guten Filterkiesschüttung erlaubt.

Flachbrunnen

Ob ein Brunnen als Flachbrunnen, oder als Tiefbrunnen anzusprechen ist, entscheidet die Tiefenlage des Wasserhorizontes. So können Brunnen in einem Gebiet mit umfangreichen Speichern von luftbedecktem Oberwasser, z. B. in breiten Tälern, mit ihren Filtern tiefer in den Boden reichen als Brunnen, die in einer anderen Gegend gespanntes Wasser unter einer nur geringmächtigen Deckschicht erschließen. Im allgemeinen aber wird man in Schleswig-Holstein Brunnen bis zu 20 m Bohrtiefe als Flachbrunnen bezeichnen. In den Gebieten, die einen brauchbaren Grundwasservorrat bis nur zu — 20 m NN aufweisen, sind entsprechende Flachbrunnen die einzig möglichen Wassererschließungsanlagen.

Tiefbrunnen

In unserem Lande werden Brunnen von 100 m Teufe wohl immer als Tiefbrunnen angesprochen. Örtlich und auch willkürlich findet diese Bezeichnung jedoch auch schon auf weniger tiefe Brunnen Anwendung, um sie von gleichzeitig vorhandenen noch flacheren zu unterscheiden. Die Vorteile, die ein in das Druckwasser vorgetriebener Tiefbrunnen gegenüber Flach- und Kesselbrunnen hat, sind wiederholt betont worden. Vor allem ist tieferes Wasser hygienisch in fast allen Fällen einwandfreier, besonders in jungtertiären Sanden weicher, eisenärmer und reichlicher. Außerdem liegt es unter Spannung mit teilweise + artesischem Auftrieb. Durch diese Eigenschaften hat es betriebswirtschaftliche und andere Vorteile mancher Art, so daß die gegenüber flacheren Brunnen wohl höheren Baukosten doch schon bald ausgeglichen werden. Lediglich in bestimmten Landesteilen sind Tiefbrunnen zwecklos, weil sie salziges Wasser (Karte 10) liefern oder in wasserfreie Bodenarten (Karte 12) gelangen würden.

Bohrung und Ausbau

In Schleswig-Holstein gibt es eine große Anzahl Brunnenbau-Firmen, die ihr Handwerk sehr gewissenhaft und zuverlässig ausüben. Viele der Inhaber sind alteingesessen, stehen von Jugend auf in diesem Gewerbe, haben es von ihren Ahnen übernommen und kennen die Land- und Wasserverhältnisse erfahrungsgemäß sehr genau. Man sollte also Auswahl des Bohrplatzes, Tiefenbestimmung und Gerät, Durchführung der Bohrung, Prüfung des Wassers und Ausbau jedes Brunnens vertrauensvoll in die Hände der einheimischen Brunnenbaufachmänner legen und sich lediglich auf die Wünsche über Wassermenge und Beschaffenheit beschränken. Der verantwortungsbewußte Brunnenbauer wird von sich aus in schwierig gelagerten Fällen geologischen Rat einholen, den Chemiker, Bakteriologen und Hygieniker befragen und die trügerische Wünschelrute meiden. So wird der Auftraggeber mit dem ihm erstellten Brunnen zufrieden sein.

Es ist deshalb auch nicht Sache dieser Schrift, von den vielfältigen Einrichtungen zur Hebung, Reinigung, Aufspeicherung und Verteilung des erbohrten Wassers zu berichten. Über einschlägige Werke gibt eine Übersicht am Schluß Hinweise. Zudem sind diese Einrichtungen von der Art, Tiefe und Menge des Grundwassers abhängig, wobei auch wirtschaftliche und verschiedene andere Gesichtspunkte von Fall zu Fall zu berücksichtigen sind. Regeln lassen sich über die technischen Zweckmäßigkeiten zur Ausnutzung des erschlossenen Wassers nicht aufstellen.

Wasser- und Quellenschutz

Das Wasser ist ein Geschenk der Natur. Als frei fließendes O b e r f l ä c h e n w a s s e r ist es Gemeingut aller und steht nicht im Eigentum einer Person. Jedermann kann es sich aneignen und benutzen. Doch legt das Gesetz mit Rücksicht auf den Nachbar privaten Besitzes und im öffentlichen Interesse gewisse Beschränkungen auf. Römisches, germanisches und neueres deutsches Recht stellen das Grund- und Quellwasser in das ausschließliche Eigentum des Grundstückbesitzers, jedoch sind Anlagen, durch welche ein Brunnen des Nachbarn verunreinigt oder unbrauchbar gemacht würde, unzulässig. Dem Nachbarn steht daher Widerspruch und Anspruch auf Entschädigung zu. Die Fortführung unterirdischen Wassers über die Grenzen des Grundbesitzes hinaus bedarf polizeilicher Genehmigung.

Auch die Quellen unterliegen dem Gesetz. Quellschutzvorschriften und Verbote wurden ausgesprochen, um den Besitzer einer Quelle vor fahrlässigen und mutwilligen Schädigungen zu schützen. Bereits für gewisse Arbeiten an der Quelle besteht Anzeigepflicht.

Größe und Gestalt des Schutzgebietes für Brunnen oder Quellen sind auf hydrogeologischer Grundlage im engsten Einvernehmen mit dem zuständigen Wasserwirtschaftsamt festzulegen. Die Landesanstalt für Angewandte Geologie im Ministerium für Ernährung, Landwirtschaft und Forsten Schleswig-Holsteins vermag Auskunft über die Notwendigkeit und den Umfang eines jeweiligen Schutzgebietes zu erteilen.

Folgerungen, Grundwasserhaushalt und Planung

Die Erkenntnisse über den Grundwasserhaushalt Schleswig-Holsteins ziehen für die Gegenwart und Planung einige Folgerungen nach sich.

Dem Gesetz nach unzulänglich ist nämlich der Schutz für ungenutzt ausfließendes + artesisches Wasser, das so manchem Brunnen ohne Unterbrechung vielfach schon seit Jahrzehnten entströmt. Es wurde in dieser Schrift dargelegt, daß der Vorrat an genießbarem Grundwasser in unserem Lande der räumlichen und mengenmäßigen Beschränkung unterliegt. Die versiegten Quellen und der zunehmende Versalzungsgrad mancher Grundwässer weisen auf den unaufhaltsamen Schwund des süßen Wassers eindeutig hin. Wenn also die versickernden Niederschläge den Wasserbedarf in unserem Lande nicht mehr auszugleichen vermögen, so würde der Schwund unseres Grundwassers noch mehr beschleunigt. Die zunehmende Waldarmut begünstigt durch stärkere Verdunstung diesen Vorgang schon jetzt in weitgehendem Maße („Versteppung"). Es ist somit notwendig, daß alle Nutzer frei auslaufenden erbohrten Wassers angehalten werden, die Brunnen zu drosseln, um nur den wirklichen Bedarf zu entnehmen. Nur sparsamer Verbrauch und möglichst künstliche Versickerung des genutzten oder überschüssigen Wassers vermögen einem künftigen Wasserschwund entgegenzuwirken. Das möge jeder Einsichtige bedenken.

Durch planvolle Bewirtschaftung und Beobachtung des Grundwasserhaushaltes lassen sich manche Mißstände beheben, die im gegenseitigen Entzug oder in der ungewollten nachbarlichen Beeinträchtigung der Brunnenleistungen liegen. Wo es irgend durchführbar ist, d. h. wo die hydrogeologischen Verhältnisse gestatten, sollten Flachbrunnen der ländlichen und städtischen Einzelwasserversorgung vorbehalten bleiben. Gewerbliche und industrielle Betriebe, insbesondere Wasserwerke hingegen müßten, wo immer es möglich ist, auf tiefere Grundwässer zurückgreifen. So würde eine Verteilung auf die verschiedenen Grundwasserstockwerke und voneinander unabhängigen Wasserhorizonte erreicht, der Wasserschatz nicht einseitig über Gebühr beansprucht und mancher Anlaß zu Unzufriedenheit und Klage behoben.

Künftige Planungen für Grundwasser-verbrauchende Anlagen jedoch mögen als erstes die wasserwirtschaftliche Lage Schleswig-Holsteins bis ins einzelne berücksichtigen, damit ungeeigneter Wasserbefund nicht die kühnsten Pläne hinfällig macht, denn der Bodenschatz Grundwasser unterliegt den Naturgesetzen von Anbeginn unseres Landes bis in seine fernste Zukunft.

Beispiele der Karten-Auswertung

Inwieweit sich die beigegebenen 13 Karten von jedermann für die Planung der Grundwassererschließung auswerten lassen, werde zum Schluß nun an einigen Beispielen gezeigt.

1. W a s s e r e r s c h l i e ß u n g f ü r h ä u s l i c h e Z w e c k e

Es sei angenommen, daß es sich um eine S i e d l u n g s - s t e l l e handele, die sich selbst mit Wasser versorgen muß. Zum Haushalt gehören 6 Personen, zur Wirtschaft 3 Stück Großvieh und 2 Stück Kleinvieh. Das bedeutet nach Tabelle 5 einen täglichen Wasserbedarf von 6 mal 20 + 3 mal 50 + 2 mal 15 = 300 lt. Dazu werden für Wäsche, Bäder und Reinigungsverbrauch für Gerätschaften im Durchschnitt täglich weitere 300 ltr veranschlagt. Somit liegt der tägliche Bedarf bei etwa 1 cbm Wasser. Es wird sich also nicht lohnen, hierfür einen besonders tiefen Brunnen anzulegen, solange sich einwandfreies Grundwasser in den höheren Bodenschichten ausfindig machen und für diesen Zweck verwenden läßt. Man wird daher zunächst die Prüfung des Oberwassers vornehmen.

Die Tiefe des Oberwasser-Spiegels ist örtlich zumeist bekannt oder läßt sich durch Aufgrabungen oder kleine Handbohrungen bezw. durch Umfragen bei den Nachbarn ohne Schwierigkeiten ermitteln. Unsere Karten 4, 6 und 8 der Eisen- und Chlorgehalte sowie Härtegrade geben für den betreffenden Ort Auskunft über die wahrscheinliche Beschaffenheit des Oberwassers. Die Ergiebigkeitskarte (13) weist auf die voraussichtliche Leistung eines Brunnens im Oberwasser hin. Der Siedler kann also auf Grund der Karten einer entsprechenden bauausführenden Firma den Auftrag für einen Flachbrunnen geben. Vom angetroffenen Wasser ist eine chemische und bakteriologische Untersuchung durchführen zu lassen.

Deuten die Karten auf ungeeignetes Oberwasser hin, so sind sie zunächst daraufhin zu betrachten, ob die Grundwassererschließung im höheren Druckwasserstockwerk günstiger ist. Die Karten 2, 5, 7, 9 und 12 lassen näher auf etwaige Besonderheiten des Untergrundes und zu erwartenden Wassers schließen, für deren Fall dann das Einholen eines fachmännischen Ratschlages zweckmäßig ist.

2. Wassererschließung für öffentliche Zwecke

Auf einer Bahnstation sei eine Wasserversorgung neu zu schaffen. Täglich würden 10 Lokomotiven mit Kesselwasser zu speisen sein. Dafür sind etwa 80 cbm notwendig. Für die Reisenden, den Gastwirtschaftsbetrieb und die Reinhaltung der Bahnhofsanlagen sind weitere 10 cbm erwünscht. Der Tagesbedarf beträgt daher rund 90 cbm oder (sofern kein Nachtverkehr auf diesem Bahnhof erfolgt) rund 9 — 10 cbm je Stunde. Da das zu erschließende Wasser also auch für Trinkzwecke verwendet werden soll, sind zu den chemischen auch besondere hygienische Ansprüche an das Wasser zu stellen; es muß appetitlich, bakteriologisch einwandfrei und ohne schädliche chemische Stoffe sein. Die Bahnhofsverwaltung wird deshalb ein Grundwasser aufzusuchen haben, das zur Oberfläche hin von undurchlässigen Bodenarten überlagert wird. Somit kommt ein Horizont des höheren Druckwasserstockwerkes in Betracht. Unsere Karten 5, 7, 9 und 13 geben wiederum Auskunft über die wesentlichsten chemischen Bestandteile sowie über die mögliche Leistung für den betreffenden Ort. Aus der Karte 11 über die Gleichen des höheren Druckwasserstockwerkes ist der ungefähre, nach der Bohrung eintretende Grundwasserstand zu NN abzulesen, den man nach den Höhenlinien des Meßtischblattes mit der Lage des geplanten Bohrpunktes vergleicht und somit aus dem Unterschied die Tiefenlage des Wasserspiegels unter der Oberfläche errechnet. Nach diesem Befund richtet sich die spätere Ausbauarbeit des Brunnens bezw. die Art der Pumpenanlage. Deuten die Karten 10 und 12 auf geologische Einschränkungen in der allgemeinen Grundwasserführung hin, dann ist auch in diesem Falle die vorherige Einholung einer hydrogeologischen Beratung zur Vermeidung unnützer Bohrversuche dringend zu empfehlen.

3. Wasserversorgung für gewerbliche Zwecke

Eine Genossenschaftsmeierei, die als Höchstleistung eine Verarbeitung von 20 000 lt Milch täglich vorzunehmen hat, soll aus betriebswirtschaftlichen Gründen mit eigener Wasserversorgung ausgestattet werden. Dadurch wird nach Tabelle 5 also ein Bedarf von 20 000 × 6 = 120 cbm täglich erforderlich. Außerdem soll das Wasser für Kühlung der Motoren verwendet werden, für die je PS-Stunde bis zu 30 lt notwendig sind. Zusätzlich käme noch die Versorgung der Meiereiinsassen in Betracht. Bei 10-stündigem Betrieb würde somit als Anforderung an den Brunnen eine Stundenleistung von etwa 20 cbm gestellt. Da außerdem noch ein Anschluß für eine Motorfeuerlöschspritze angebracht werden soll, erhöht sich der Bedarf auf 60 cbm/h.

Das für Molkereizwecke erforderliche Wasser soll nicht zu hart sein, darf nur geringste Spuren von Eisen enthalten und muß frei von Säuren und aggressiver Kohlensäure sein. (Besondere Wasseraufbereitungsanlagen würden die Wirtschaftlichkeit in Frage stellen.) Zu Kühlzwecken wird eine möglichst gleichbleibend niedrige Wassertemperatur gewünscht. Es kommt daher die Erschließung eines tiefen Grundwasserhorizontes in Betracht. Nach unseren Ausführungen wissen wir, daß sich das Grundwasser aus den jungtertiären Schichten in Schleswig-Holstein hierfür am besten eignet, weil es weicher und eisenärmer als höheres Grundwasser ist. Seine Temperatur ändert sich auch in den Sommermonaten nicht. Im Osten bietet die Erschließung großer Wassermengen aus der Tiefe keine besonderen Schwierigkeiten. Jedoch ist dem Auftraggeber und auch der Bohrfirma nicht bekannt, welche Tiefe ein derartiger Brunnen erreichen muß, um am gewünschten Ort das Wasser aus den geeigneten tertiären Schichten zu erschließen. Die Karten 2, 3 und 12 weisen zwar auch darauf hin, aber die Einwirkungen teils höher, teils tiefer gelegener Salzhorste und der von ihnen abwandernden Salzlaugen vermag nur der Geologe zu beurteilen.

Deshalb ist immer, wenn es sich um die Anlage tiefer Brunnen handelt, die vorherige Einholung eines hydrogeologischen Gutachtens angebracht, vor allem wenn der Auftraggeber bestrebt ist, nicht unnütz Kosten für Versuchsbohrungen auszugeben und Enttäuschungen zu vermeiden.

Hinweise auf das Schrifttum

I. Allgemeines Schrifttum und Lehrbücher

1. Hydrogeologie

Der Aufbau des norddeutschen Tieflandes unter besonderer Berücksichtigung des Grundwassers. — Von W. Wolff, Berlin 1912

Lehrbuch der Grundwasser- und Quellenkunde. — Von K. Keilhack, II. Aufl., Berlin 1917

Handbuch der Hydrologie. — Von E. Prinz & R. Kampe, Berlin 1923 und 1934

Hydrogeologische Methoden. — Von G. Thiem, Leipzig 1926

Gespannte Wässer. — Von H. Keller, Halle 1928

Grundwasserkunde. — Von W. Koehne, Stuttgart 1928

Hydrogeologie. — Von P. Fourmarier, Paris 1939

2. Grundwasser - Ausbeute

Über künstliches Grundwasser. — Von C. Reichle, Journal f. Gasbeleuchtung und Wasserversorgung, 1910

Die Wasserversorgung der Städte. — Von Lüger-Weyrauch & O. Smreker, Band I—III, Leipzig 1914

Über Wasserversorgungen für Molkereien. — Von E. Bieske, Molkerei - Zeitung, Hildesheim 1927

Wirtschaftlichkeit von Pumpenanlagen. — Von Wazek, Das Gas- und Wasserfach, 1925

Versorgung der Ortschaften mit Feuerlöschwasser. — Von K. Febrans, Landesbrandkasse Kiel, 1930

Handbuch der Wasserversorgung. — Von E. Groß, II. Aufl., München und Berlin 1930

Der praktische Brunnenbauer. — Von W. Pengel, Verl Laubsch & Everth, III. Aufl., Berlin

Preisverzeichnis für Brunnenbau nebst Unkostenberechnung, Lieferungsbedingungen, Bohrvertrag, Tabellenmaterial. — II. Aufl., Verl. Laubsch & Everth, Berlin

Die Wasserversorgung. — Von J. Brix, H. Heyd, E. Gerlach, Verl. R. Oldenbourg, Berlin 1942

3. **Grundwasser - Beschaffenheit**

Untersuchung des Wassers an Ort und Stelle. Von H. Kluth, Berlin 1927

Die bakteriologische Untersuchung von Trink- und Gebrauchswasser aus Brunnenanlagen. — Von C. Hütting, Versuchs- und Forschungsanstalt für Milchwirtschaft, Kiel 1932

Die Chemie und chemische Technologie des Wassers. — Von J. Holluta, Stuttgart 1937

Einfache Untersuchungen von Boden und Wasser. — Von R. Kolkwitz & F. Tödt, Jena 1941

II. Schleswig - Holstein betreffendes Schrifttum

Flut und Ebbe in artesischen Tiefbrunnen in Hamburg. — Von v. Olshausen, Journal f. Gasbeleuchtung und Wasserversorgung, 1904

Die Beziehungen unseres tieferen, artesischen Grundwassers zur Ostsee. — Von P. Friedrich, Mitt. d. geogr. Ges., Lübeck, 1916

Die Grundwasserverhältnisse der Stadt Lübeck und ihrer Umgebung. — Von P. Friedrich, Lübeck, 1917

Die lübeckische Mulde und ihre Grundwasserverhältnisse. — Von R. Struck, Festschr. z. Verbandstag d. Brunnenbauer, Hamburg 1922

Die Wasserbeschaffung auf den Halligen. — Von E. Schmidt, St. Gallen 1925

Das Salzwasser von Oldesloe. — Von A. Thienemann, Mitt. d. geogr. Ges. Lübeck, 1925

Die Grundwasserträger des Nieder - Elbegebietes. — Von E. Koch, Gas- und Wasserfach, 1928

Die Trinkwasserverhältnisse Schleswig - Holsteins vom hygienischen Standpunkt. — Von W. Liese, Techn. Gemeindeblatt 1928

Grundwassernachweis für die Wasserversorgung des Nordseebades Wyk a. Föhr. — Von Scheffel, Gas- und Wasserfach 1930

Grundwasserverhältnisse und geologischer Bau im schleswig-holsteinischen Marsch- und Nordseeinselgebiet. — Von H.-L. Heck, Sitzungsber. d. Preuß. Geol. Landesanstalt, Berlin 1931

Das Grundwasser im Zusammenhang mit dem geologischen Bau in Schleswig - Holstein. — Von H.-L. Heck, Preuß. Geol. Landesanstalt, Berlin 1932

Welche Möglichkeiten der Grundwassererschließung für Feuerlösch- und Wirtschaftszwecke bietet der geologische Aufbau

Schleswig - Holsteins? — Von H. - L. Heck, Schl. - Holst. Feuerwehrzeitung 1933
Kritik der hygienischen Untersuchungsmethoden des Trinkwassers auf Grund eines größeren Analysenmaterials aus Schleswig - Holstein. — Von H. Thiele & M. Paehrs, Arch. f. Hygiene, München 1938
Die Wasserversorgung in ihrer Abhängigkeit vom geologischen Bau des Untergrundes in Schleswig - Holstein. — Von K. Beurlen, Gas- und Wasserfach 1939
Die Grundwasserstandsbewegungen beim Bau der Eiderschleuse bei Nordfeld. — Von G. Magens, Westküste, Heide/Holst. 1939
Die Trinkwasserversorgung der Kriegsmarine in der Umgebung von Kiel. — Von R. Rabl & Fr. Knorr, Arch. f. Hygiene, München 1942
Der Untergrund von Schleswig-Holstein. — Von H.-L. Heck, W. Schott & R. v. Zwerger, Abh. d. Reichsamts für Bodenforschung, Neue Folge, H. 202, Berlin 1944
Versalzungen von Grundwasser in Schleswig - Holstein, deren Umfang und Ursachen. — Von H. - L. Heck, Abh. d. Reichsamts für Bodenforschung, Neue Folge, H. 209, Berlin 1944
Erdgeschichte und Bodenaufbau Schleswig - Holsteins. — Von W. Wolff & H. - L. Heck, III. neubearbeitete Aufl., Hamburg 1948
Die Wassernot in Schleswig - Holstein. - Von H. - L. Heck, Naturwiss. Ver., Kiel 1948
Die hydrogeologischen Grundlagen für die künftige Wasserwirtschaft in Schleswig - Holstein. — Von H. - L. Heck, Gas- u. Wasserfach, 89, H. 5, München 1948
Grundwasseratlas von Schleswig - Holstein 1 : 500 000. -- Von H. - L. Heck, Verlag Mundus, Hamburg 1948

III. Wünschelrute (Kritik)

Die Wünschelrute. — Von L. Meyn, Garding 1886
Das Problem der Wünschelrute. — Von W. Wolff, Ingenieur-Zeitung 14. Jahrg., Cöthen - Anhalt 1921
Zur Wünschelrutenfrage. — Merkblatt d. Preuß. Geol. Landesanstalt, Berlin 1929
Baugrunduntersuchung mit der Wünschelrute. — Von W. Dienemann, Der Chefingenieur, Berlin 1944

Karte 1

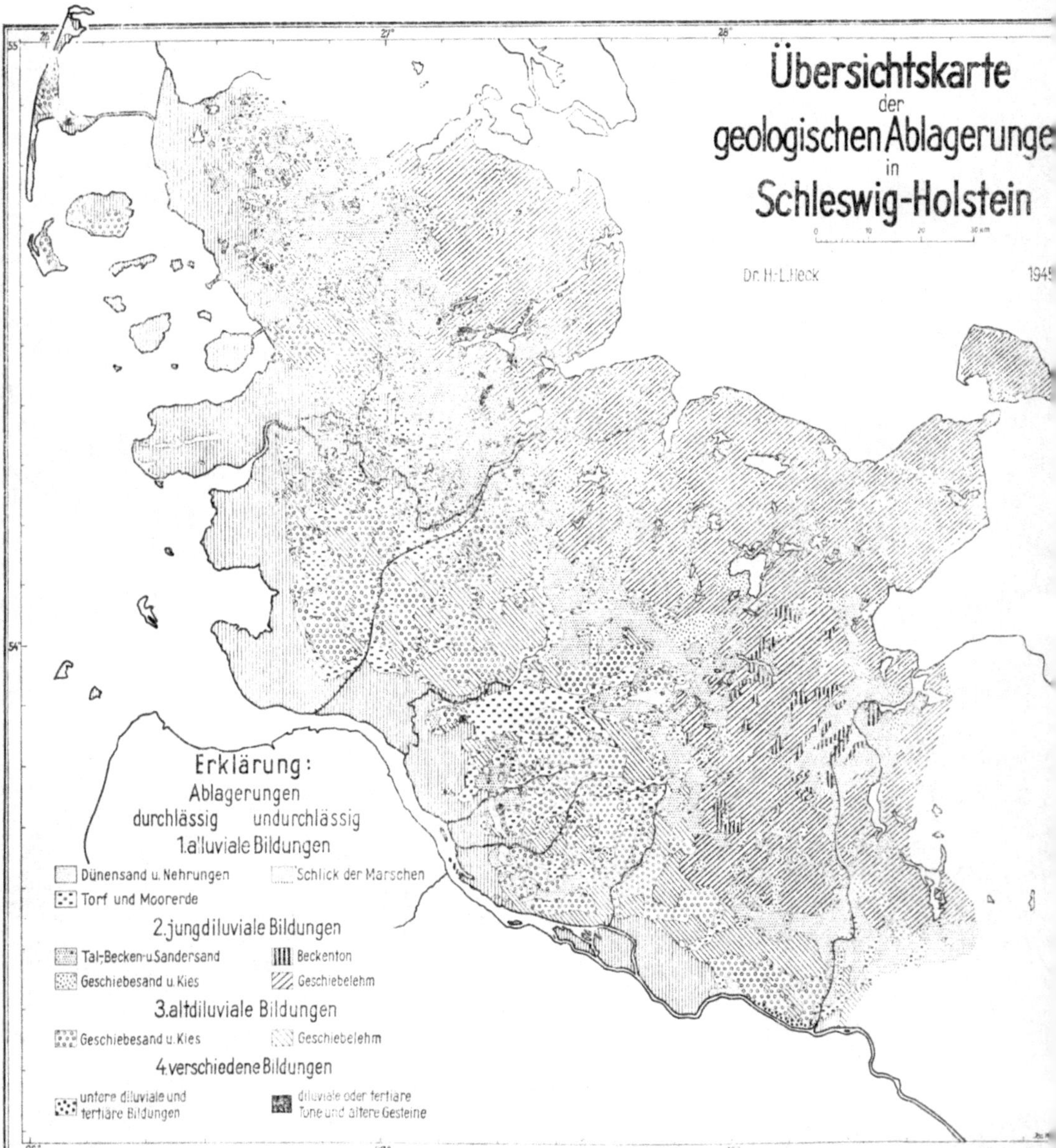
Übersichtskarte
der
geologischen Ablagerunge
in
Schleswig-Holstein
0 10 20 30 km
Dr. H. L. Heck
194
Erklärung:
Ablagerungen
durchlässig undurchlässig
1. alluviale Bildungen
Dünensand u. Nehrungen
Schlick der Marschen
Torf und Moorerde
2. jungdiluviale Bildungen
Tal-, Becken- u. Sandersand
Beckenton
Geschiebesand u. Kies
Geschiebelehm
3. altdiluviale Bildungen
Geschiebesand u. Kies
Geschiebelehm
4. verschiedene Bildungen
untere diluviale und tertiäre Bildungen
diluviale oder tertiäre Tone und ältere Gesteine
26°
27°
28°
55°
54°

Karte 2

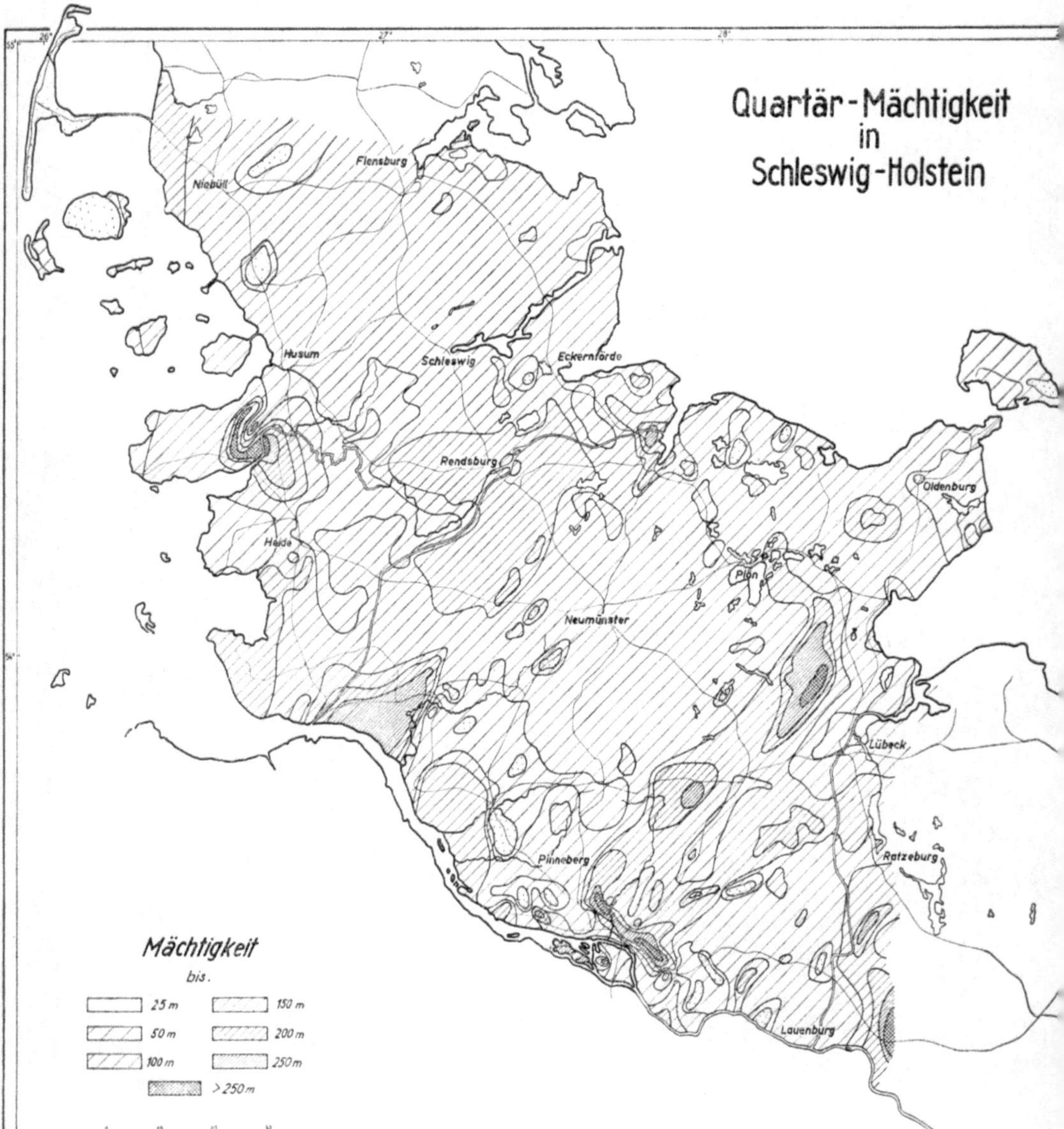
Quartär-Mächtigkeit in Schleswig-Holstein
Mächtigkeit
bis.
25 m
50 m
100 m
150 m
200 m
250 m
> 250 m
Niebüll
Flensburg
Husum
Schleswig
Eckernförde
Rendsburg
Heide
Oldenburg
Plön
Neumünster
Lübeck
Pinneberg
Ratzeburg
Lauenburg
Dr. H.-L. Heck 19

Karte 3

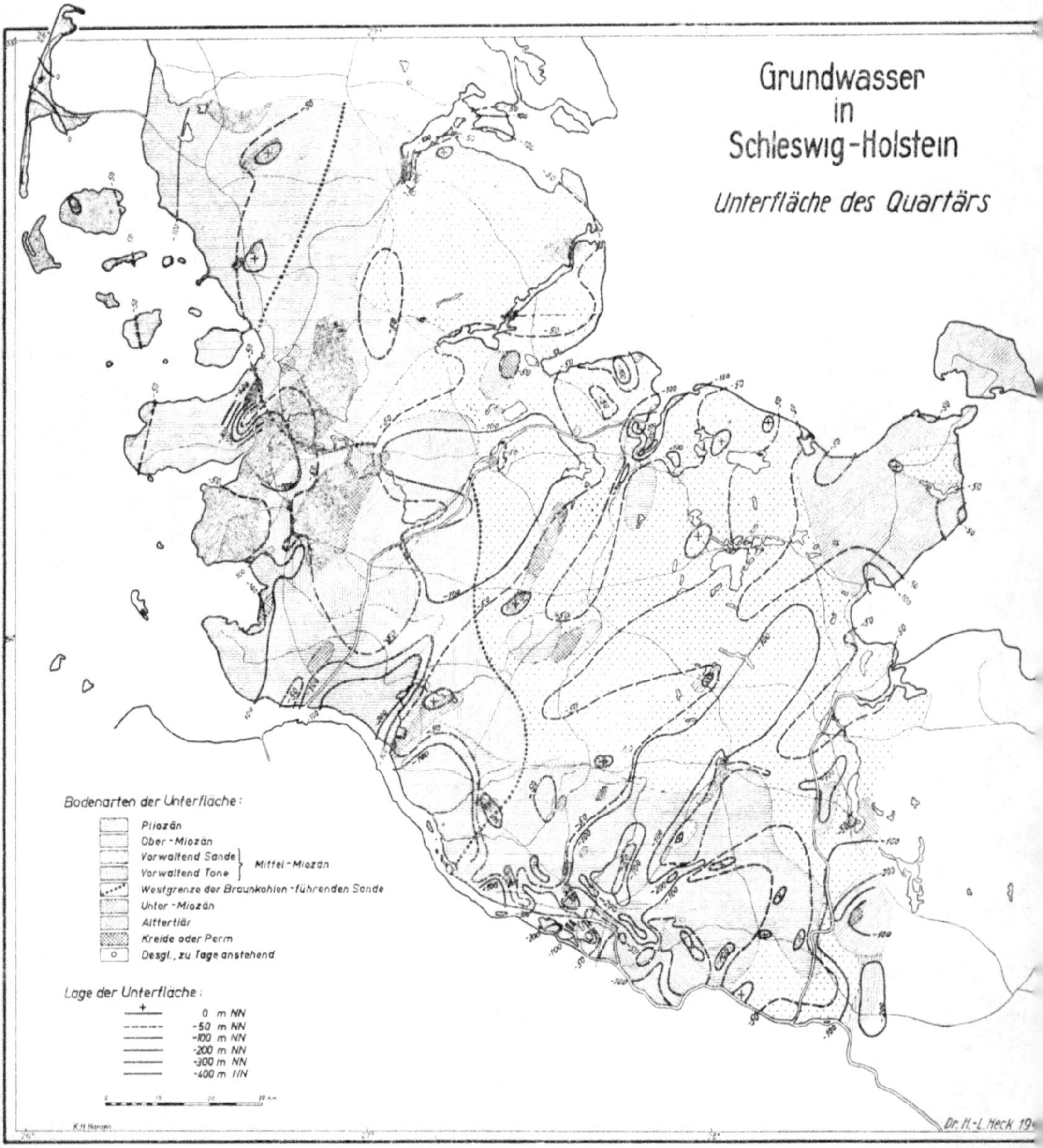
Grundwasser
in
Schleswig-Holstein
Unterfläche des Quartärs
Bodenarten der Unterfläche:
Pliozän
Ober-Miozän
Vorwaltend Sande
Vorwaltend Tone
Mittel-Miozän
Westgrenze der Braunkohlen-führenden Sande
Unter-Miozän
Alttertiär
Kreide oder Perm
Desgl., zu Tage anstehend
Lage der Unterfläche:
0 m NN
-50 m NN
-100 m NN
-200 m NN
-300 m NN
-400 m NN
K.H. Hansen
Dr. H.-L. Heck 19

Karte 4

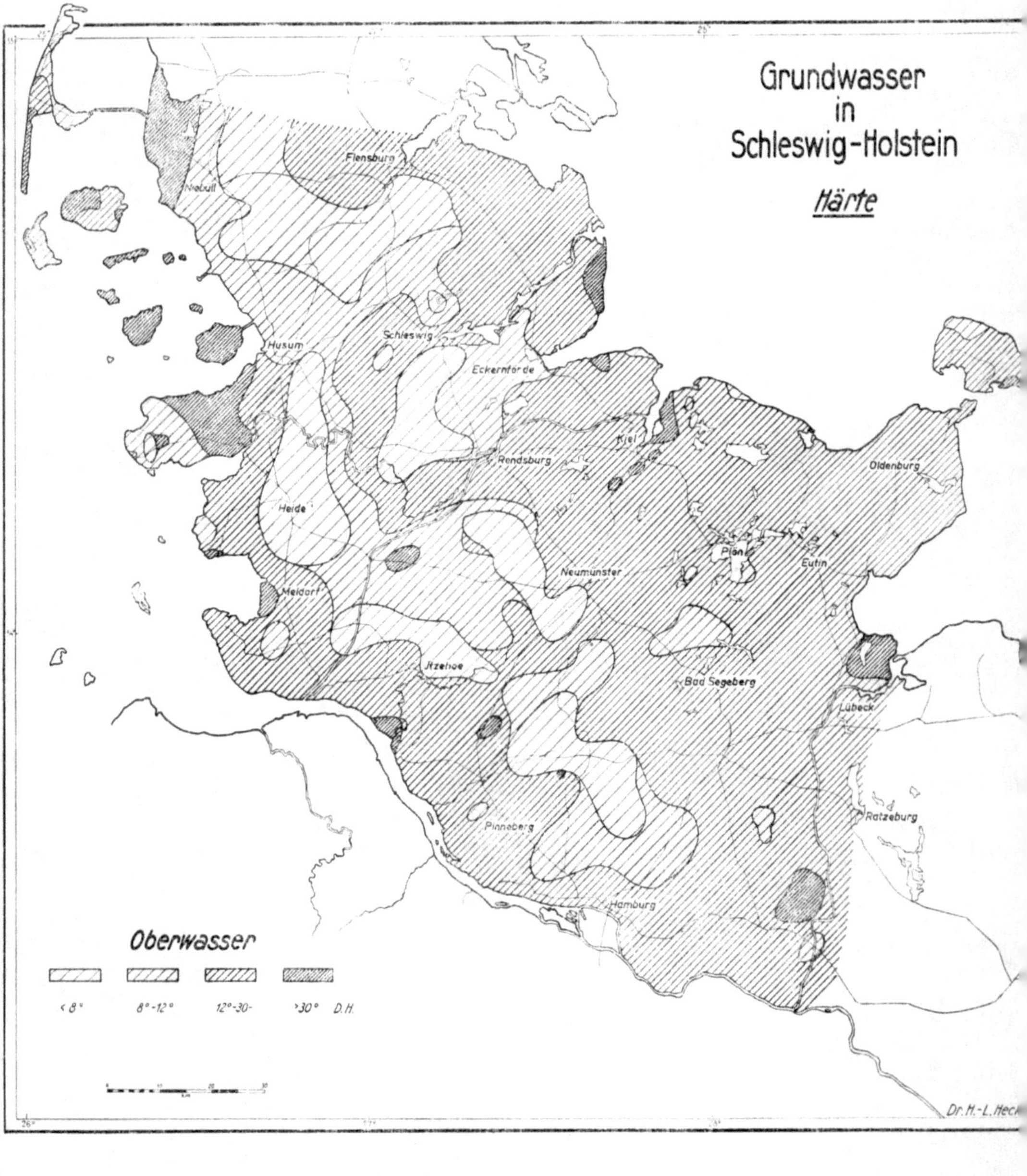
Grundwasser
in
Schleswig-Holstein
Härte
Flensburg
Niebüll
Husum
Schleswig
Eckernförde
Kiel
Rendsburg
Oldenburg
Heide
Plön
Eutin
Neumünster
Meldorf
Itzehoe
Bad Segeberg
Lübeck
Ratzeburg
Pinneberg
Hamburg
Oberwasser
< 8°
8°-12°
12°-30-
>30° D.H.

Karte 5

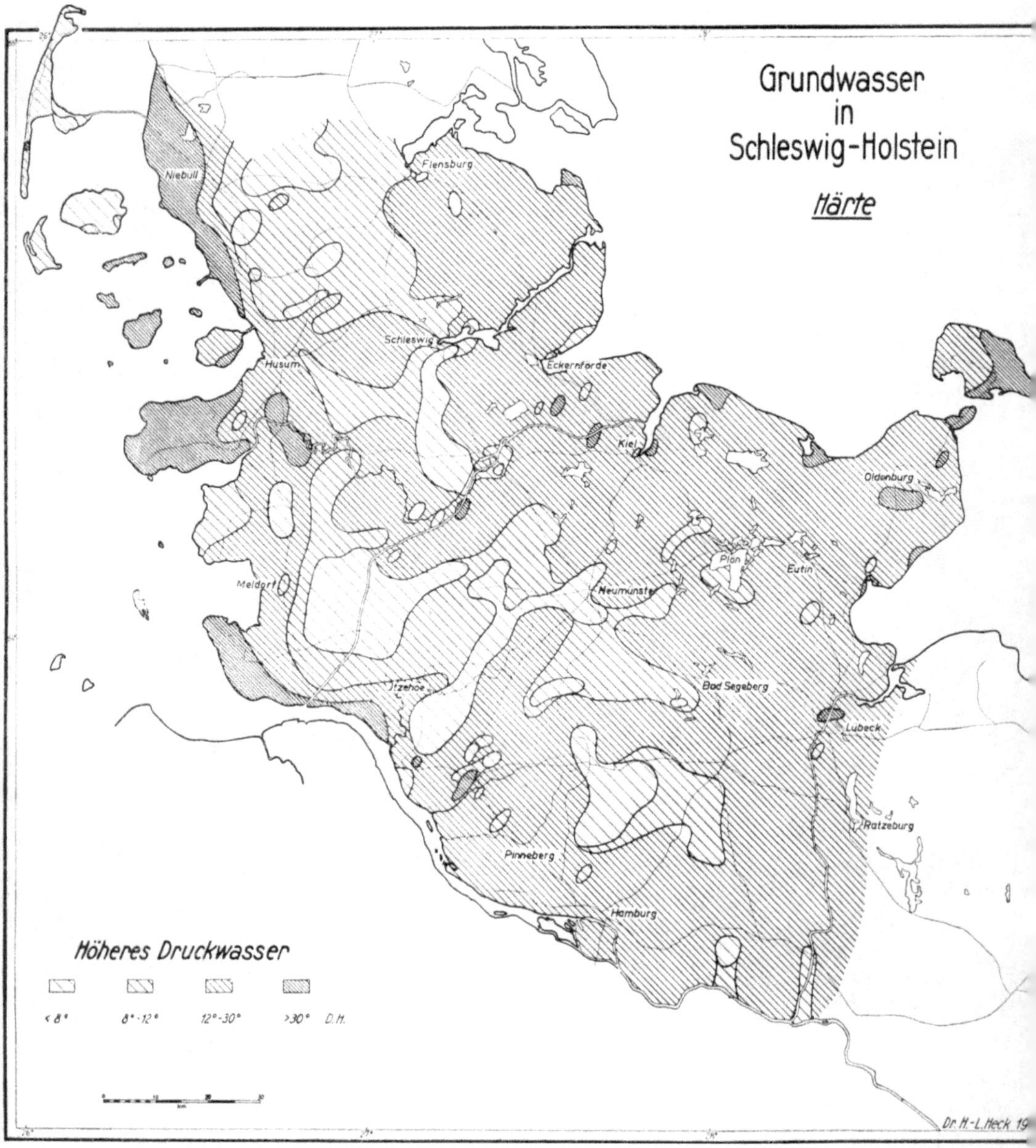

Grundwasser
in
Schleswig-Holstein
Härte
Höheres Druckwasser
< 8°
8°-12°
12°-30°
>30° D.H.
Niebüll
Flensburg
Schleswig
Husum
Eckernförde
Kiel
Oldenburg
Plön
Eutin
Meldorf
Neumünster
Bad Segeberg
Itzehoe
Lübeck
Ratzeburg
Pinneberg
Hamburg
Dr. H.-L. Heck 19

Karte 6

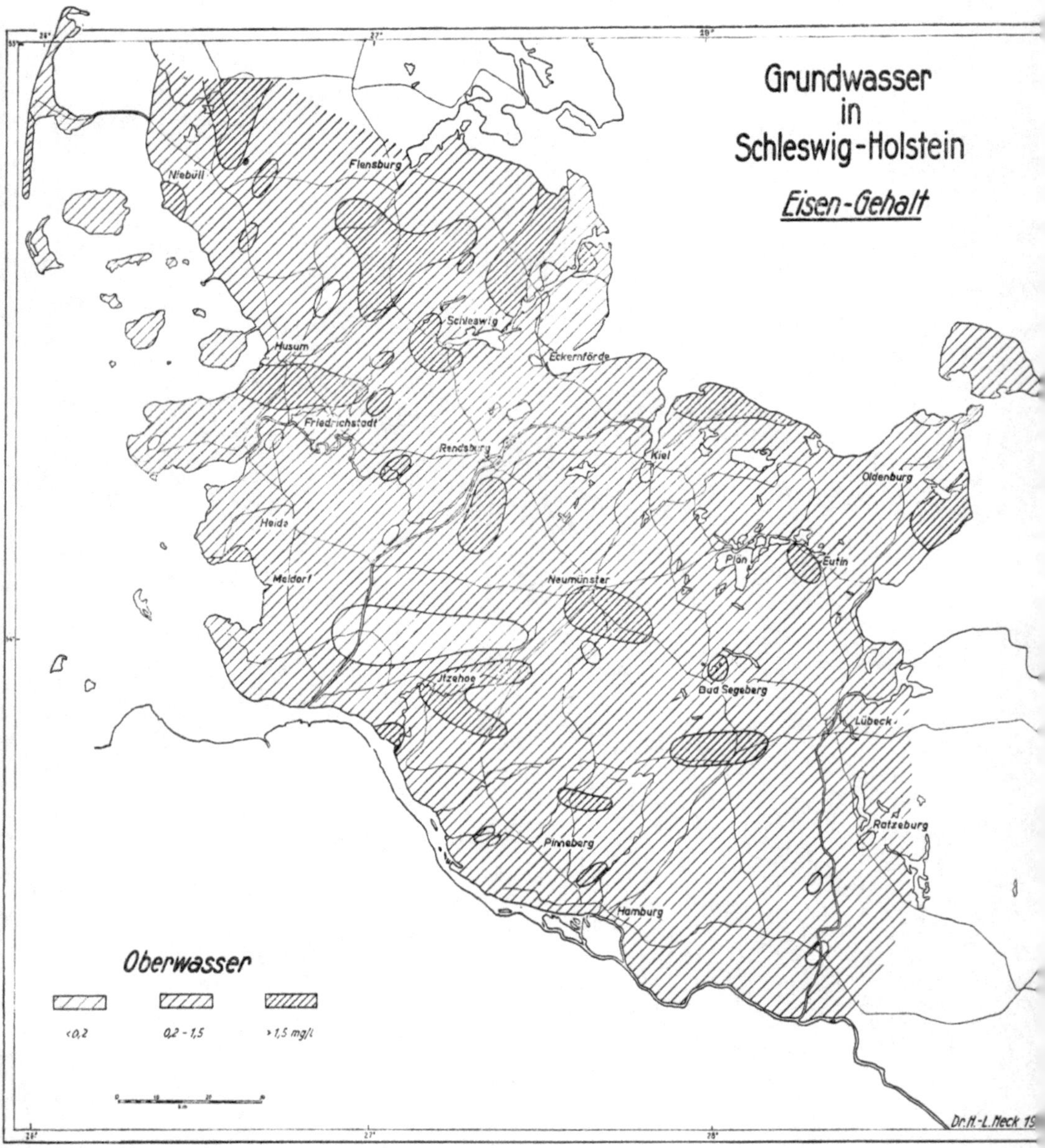

Grundwasser
in
Schleswig-Holstein
Eisen-Gehalt
Niebüll
Flensburg
Schleswig
Husum
Eckernförde
Friedrichstadt
Rendsburg
Kiel
Oldenburg
Heide
Meldorf
Neumünster
Plön
Eutin
Itzehoe
Bad Segeberg
Lübeck
Ratzeburg
Pinneberg
Hamburg
Oberwasser
<0,2
0,2 - 1,5
>1,5 mg/l
Dr.H.-L.Heck 19

Karte 7

Grundwasser
in
Schleswig-Holstein
Eisen-Gehalt
Flensburg
Niebüll
Husum
Schleswig
Eckernförde
Friedrichstadt
Kiel
Oldenburg
Heide
Meldorf
Plön
Eutin
Neumünster
Itzehoe
Bad Segeberg
Lübeck
Pinneberg
Ratzeburg
Hamburg
Höheres Druckwasser
<0,2 mg/l
0,2 - 1,5 mg/l
>1,5 mg/l
Dr. H.-L. Heck 19

Karte 8

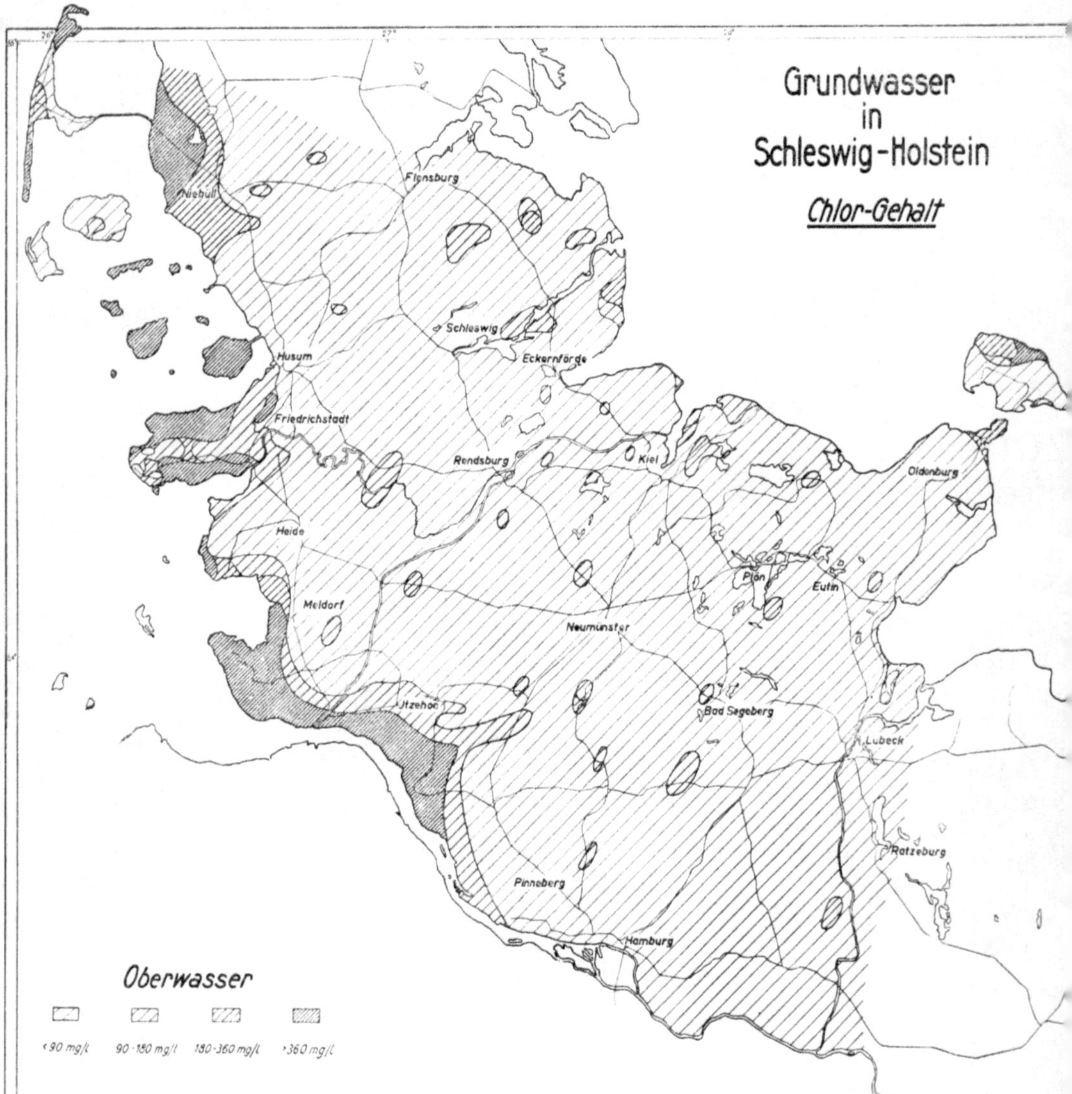

Grundwasser
in
Schleswig-Holstein
Chlor-Gehalt
Niebüll
Flensburg
Schleswig
Husum
Eckernförde
Friedrichstadt
Rendsburg
Kiel
Oldenburg
Heide
Plön
Eutin
Meldorf
Neumünster
Itzehoe
Bad Segeberg
Lübeck
Ratzeburg
Pinneberg
Hamburg
Oberwasser
< 90 mg/l
90-180 mg/l
180-360 mg/l
>360 mg/l

Karte 9

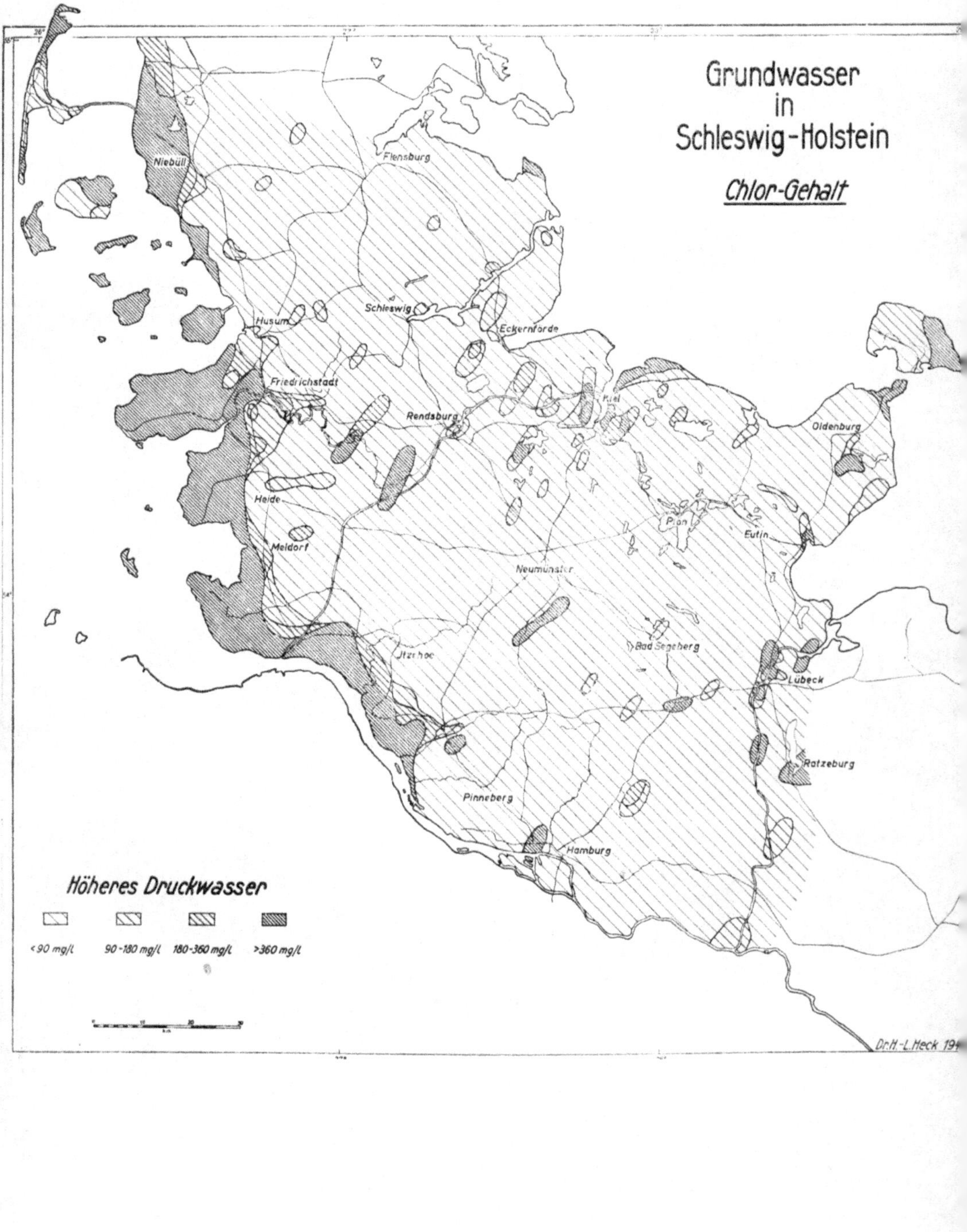

Grundwasser
in
Schleswig-Holstein
Chlor-Gehalt
Niebüll
Flensburg
Schleswig
Husum
Eckernförde
Friedrichstadt
Rendsburg
Kiel
Oldenburg
Heide
Meldorf
Plön
Eutin
Neumünster
Bad Segeberg
Itzehoe
Lübeck
Ratzeburg
Pinneberg
Hamburg
Höheres Druckwasser
<90 mg/l
90-180 mg/l
180-360 mg/l
>360 mg/l
Dr.H.-L.Heck 194

Karte 10

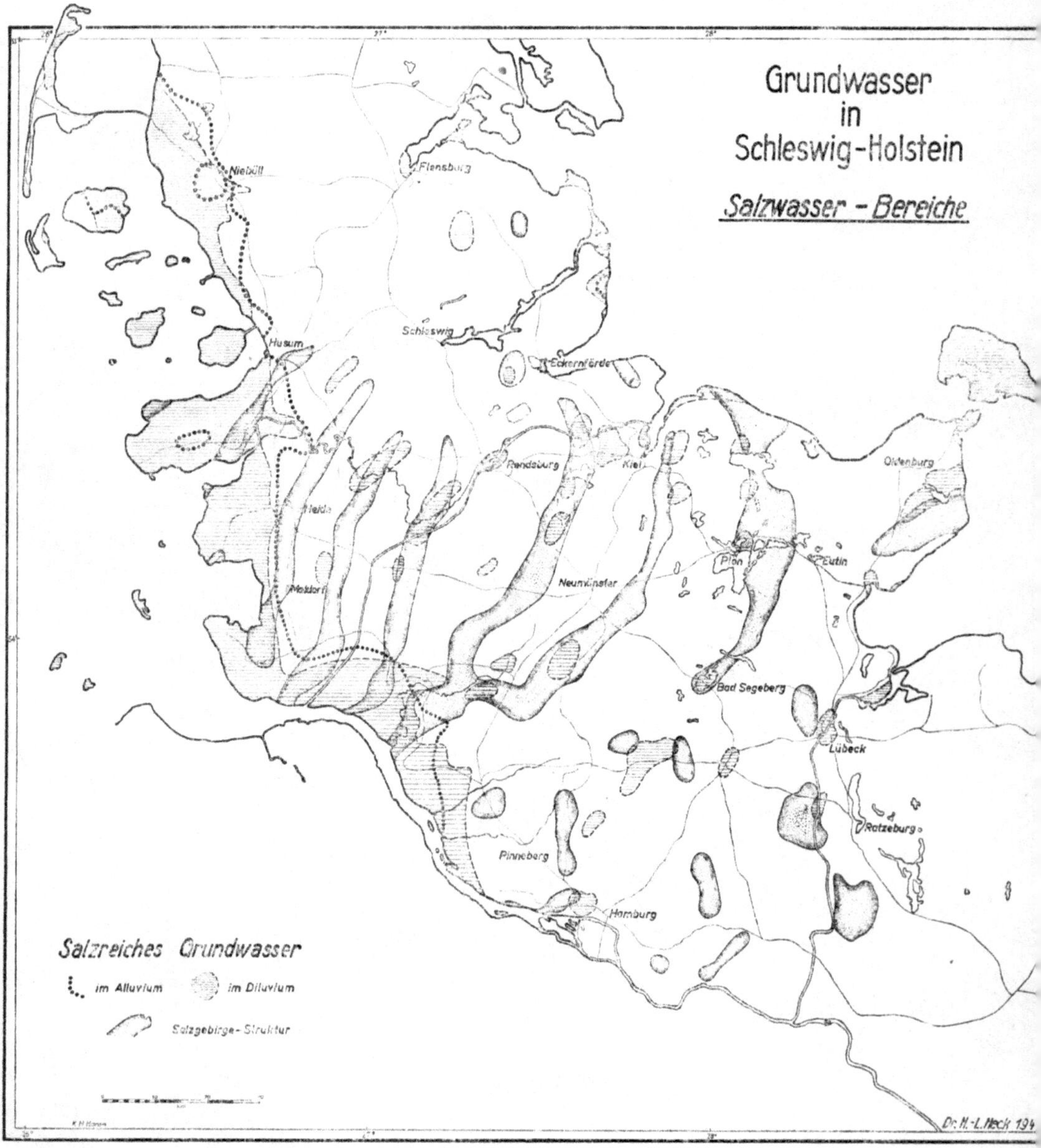
Grundwasser
in
Schleswig-Holstein
Salzwasser - Bereiche
Niebüll
Flensburg
Schleswig
Husum
Eckernförde
Rendsburg
Kiel
Oldenburg
Plön
Eutin
Neumünster
Bad Segeberg
Lübeck
Ratzeburg
Pinneberg
Hamburg
Salzreiches Grundwasser
im Alluvium
im Diluvium
Salzgebirge-Struktur
Dr. H.-L. Heck 194

Karte 11

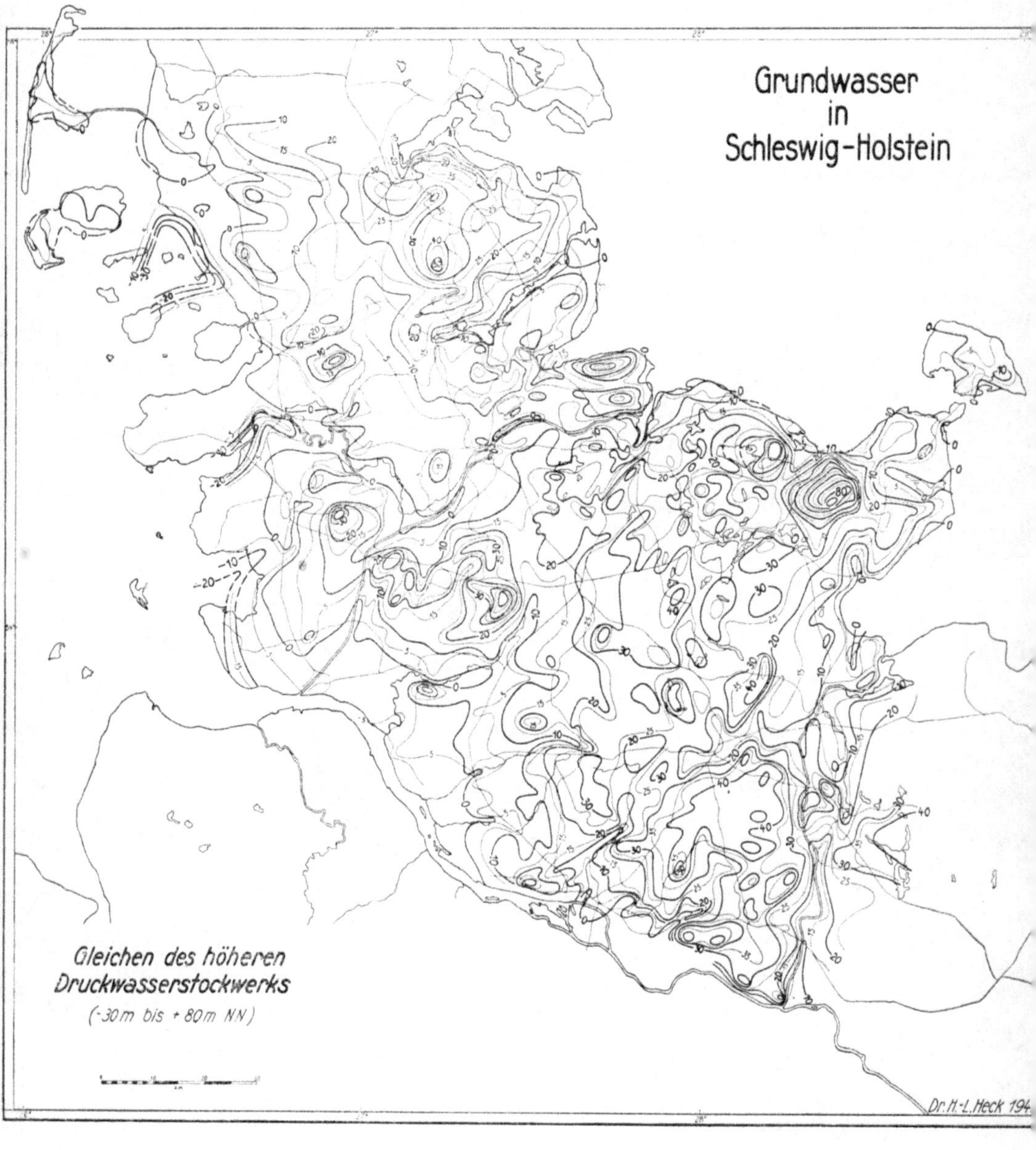
Grundwasser
in
Schleswig-Holstein
Gleichen des höheren
Druckwasserstockwerks
(-30m bis +80m NN)
Dr. H.-L. Heck 194

Karte 12

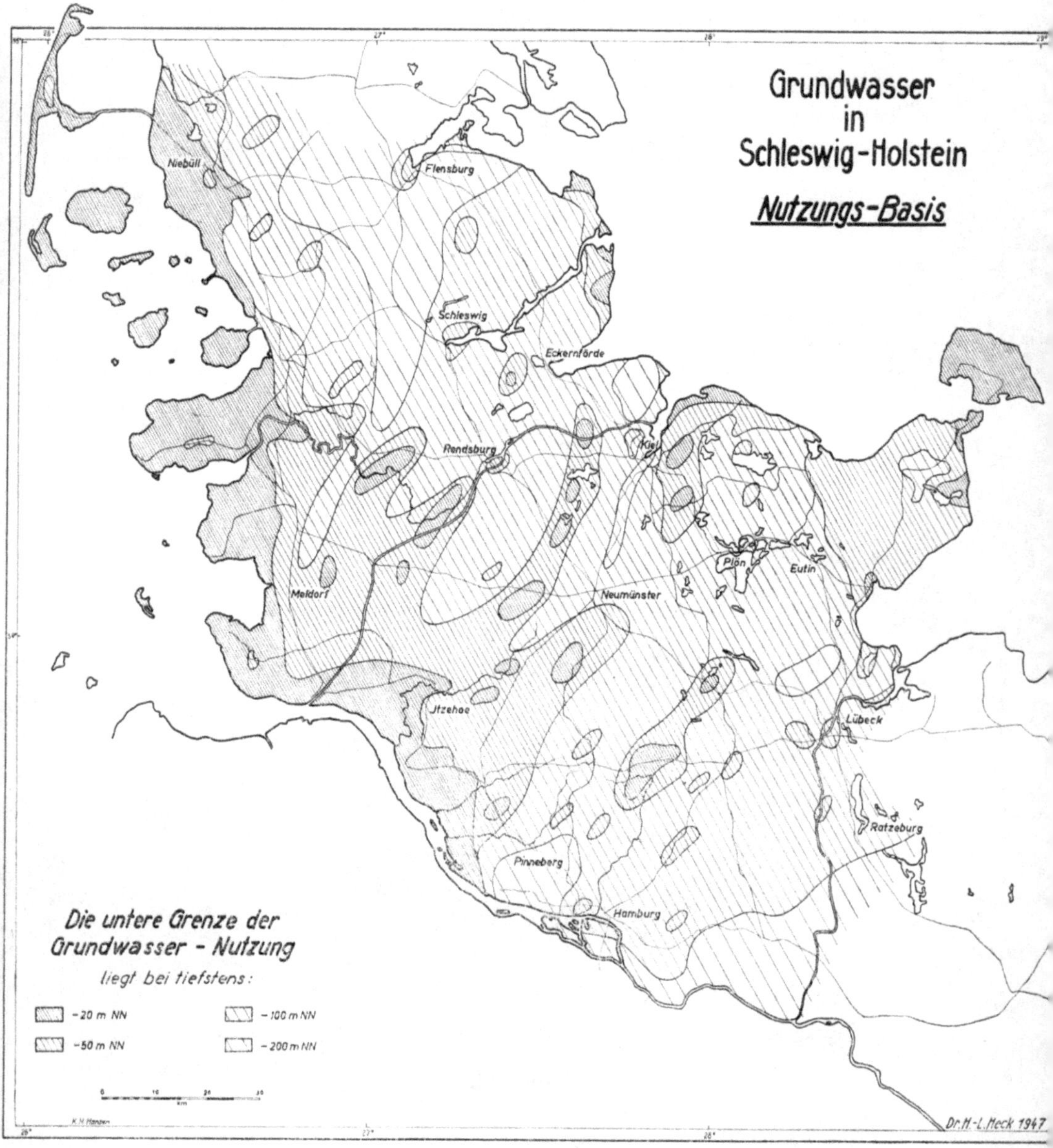

Grundwasser
in
Schleswig-Holstein
Nutzungs-Basis
Niebüll
Flensburg
Schleswig
Eckernförde
Rendsburg
Kiel
Plön
Eutin
Meldorf
Neumünster
Itzehoe
Lübeck
Ratzeburg
Pinneberg
Hamburg
Die untere Grenze der
Grundwasser - Nutzung
liegt bei tiefstens:
-20 m NN
-50 m NN
-100 m NN
-200 m NN
Dr. H.-L. Heck 1947

Karte 13

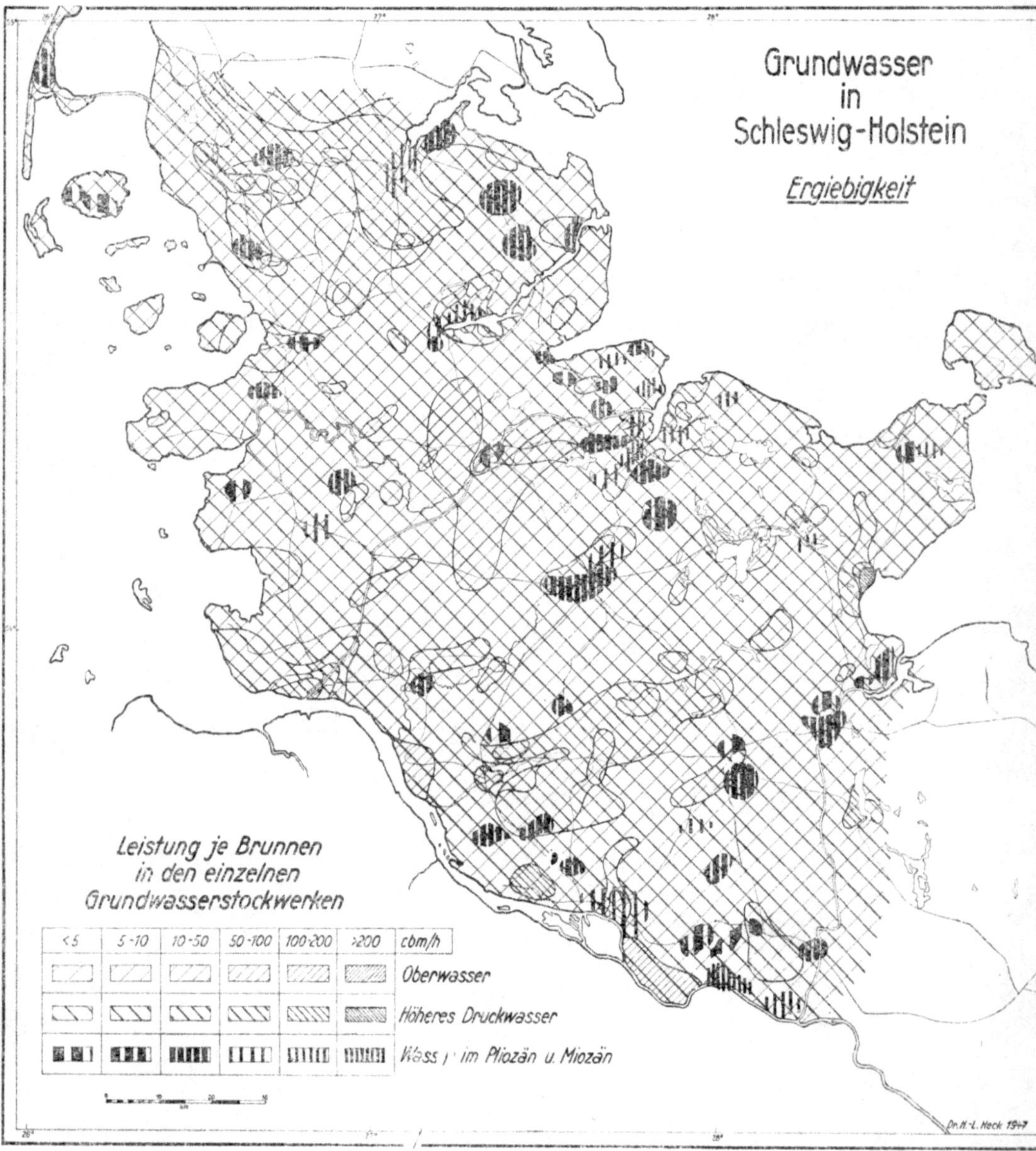
Grundwasser
in
Schleswig-Holstein
Ergiebigkeit
Leistung je Brunnen
in den einzelnen
Grundwasserstockwerken
<5
5-10
10-50
50-100
100-200
>200
cbm/h
Oberwasser
Höheres Druckwasser
Wasser im Pliozän u. Miozän
Dr. H.-L. Heck 1947